U0310763

璞玉之美

衢州黄蜡石

徐国庆 著

创于1897
商务印书馆
The Commercial Press

图书在版编目（CIP）数据

璞玉之美：衢州黄蜡石/徐国庆著. —北京：商
务印书馆，2015
（衢州文库）
ISBN　978-7-100-11869-9

Ⅰ.①璞…　Ⅱ.①徐…　Ⅲ.①玉石–介绍–衢州市
Ⅳ.①TS933.21

中国版本图书馆CIP数据核字（2015）第302702号

璞 玉 之 美
——衢州黄蜡石

徐国庆　著

商 务 印 书 馆 出 版
（北京王府井大街36号　邮政编码100710）
商 务 印 书 馆 发 行
山东鸿君杰文化发展有限公司印刷
ISBN 978-7-100-11869-9

2016年1月第1版　　　开本710×1000　1/16
2016年1月第1次印刷　　印张 12.25
定价：55.00元

《衢州文库》编纂指导委员会

名誉主任：

陈　新（中共衢州市委书记）

杜世源（中共衢州市委副书记、衢州市人民政府市长）

主　　任：

诸葛慧艳（中共衢州市委常委、宣传部长）

副 主 任：

童建中（衢州市人大常委会副主任）

陈锦标（衢州市人民政府副市长）

王建华（政协衢州市委员会副主席）

《衢州区域文化集成》编纂委员会

主　　编：

诸葛慧艳　王建华（衢州市文化广电新闻出版局）

副 主 编：

杨苏萍　黄　韬

编　　委（按姓氏笔画排名）：

占　剑　刘国庆　陈　才　周宏波　赵世飞

崔铭先　潘玉光

《衢州文库》总序

陈　新

衢州地处钱塘江源头，浙闽赣皖四省交界之处，是一座生态环境一流、文化底蕴深厚的国家历史文化名城。生态和文化是衢州的两张"金名片"，让250多万衢州人为之自豪，给众多外来游客留下了美好的印象。

文化是一个地方的独特标识，是一座城市的根和魂。衢州素有"东南阙里、南孔圣地"之美誉，来到孔氏南宗家庙，浩荡儒风迎面而来，向我们讲述着孔子第48代裔孙南迁至衢衍圣弘道的历史。衢州是中国围棋文化发源地，烂柯山上的天生石梁状若虹桥，向人们诉说着王质遇仙"山中方一日、世上已千年"的传说。衢州也是伟人毛泽东的祖居地，翻开清漾村那泛黄的族谱，一部源远流长的毛氏家族史渐渐清晰……这些在长期传承积淀中逐渐形成的文化因子，承载着衢州的历史，体现了衢州的品格，成为衢州人心中独有的那份乡愁。

丰富的历史文化遗产是衢州国家历史文化名城的根本，是以生态文明建设力促城市转型的基础。失去了这个根基，历史文化名城就会明珠蒙尘、魅力不再，城市转型也就无从谈起。我们要像爱惜自己的生命一样保护历史文化遗产，并把这些重要文脉融入城市建设管理之中，融入经济社会发展之中，赋予新的内涵，增添新的光彩。

尊重和延续历史文化脉络，就是对历史负责，对人民负责，对子孙后代负责。对此，我们义不容辞、责无旁贷。近年来，我们坚持在保护中发展、在发展中保护，对水亭门、北门街等历史文化街区进行保护利用，复建了天王塔、文昌阁，创建了国家级儒学文化产业试验园区，儒学文化、古城文化呈现出勃勃生机。我们还注重加强历史文化村落保护，建设了一批农村文化礼堂，挖掘整理了一批非物质文化遗产，留住了老百姓记忆中的乡愁。尤为可喜的是，在优秀传统文化的涤荡和影响下，衢州凡人善举层出不穷，助人为乐蔚然成风，"最美衢州、仁爱之城"已成品牌、渐渐打响。

《衢州文库》对衢州悠久的历史文化进行了收集和汇编，旨在让大家更加全面地了解衢州的历史，更好地认识衢州文化的独特魅力。翻开《衢州文库》，你可以查看到载有衢州经济、政治、文化、社会等沿革的珍贵史料文献，追溯衢州文化的本源。你可以了解到各具特色的区域文化，感悟衢州文化的开放、包容、多元、和谐。你可以与圣哲先贤、仁人志士进行跨越时空的对话，领略他们的崇高品质和人格魅力。它既为人们了解和传承衢州文化打开了一扇窗户，又能激发起衢州人民热爱家乡、建设家乡的无限热情。

传承历史文化，为的是以史鉴今、面向未来。我们要始终坚持继承和创新、传统与现代、文化与经济的有机融合，从优秀传统文化中汲取更多营养，更好地了解衢州的昨天，把握衢州的今天，创造衢州更加美好的明天。

文化传承的历史担当（代序）

　　由衢州市文化广电新闻出版局组织编撰的《衢州区域文化集成》与《衢州名人集成》出版发行了，这两套集成内容广泛，门类齐全，特色鲜明，涉及衢州的历史文化、民情风俗、文学艺术、乡贤名人等方方面面，是一项浩大的文化工程，是一桩当今的文化盛事，也是近年来一项重要的文化成果。古人说：盛世修志，盛世修书。这两套集成的应运而出，再次见证了今天衢州文化的繁荣和兴旺。

　　衢州是国家历史文化名城，地处浙、闽、赣、皖四省交界，是多元文化交汇融合的独特地域，承载着九千多年的文明，可谓历史悠久，人文璀璨，有着丰富多样又特色鲜明的地方文化。一方水土养一方人，一方人又创造一方文化，因此，就衢州的文化而言，无论是以儒家文化为核心的主流文化，还是质朴自然的民俗文化，都打上了鲜明的地域印记，有着别具一格的风采和神韵，这就是我们昨天的一道永不凋谢的风景！是衢州人的精神因子与文化内核，是衢州人文精神的源头。

　　一个地方的文化传统、文化内涵、文化底蕴、文化品位如何，靠的不是笔墨和口水，而是靠我们拥有的那份文化遗存，靠固有的文化资源和独特的人脉传承，靠历史留下的那份无需争辩的文化财富。这两套集成就是要对衢州优秀的文化传统与当代文化进行全面的整理，并进行深入研究，分类撰写，汇编成册,把那些丰富的文化内涵充分地展示出来,让那些久远的同时又是优秀的历史文化走出尘封,让那些就在身边的优秀当代文化更清晰,让它们变得可以亲近,可以阅读,可以欣赏,可以触摸,可以感受,让优秀的地方文化焕发光彩!

优秀的地方文化是我们与前人共同创造的宝贵精神财富,是我们共同的精神家园,是我们共同的文化之根,是我们世代传承的精神血脉。传承优秀文化,是我们今天应有的历史担当,也是当下经济发展社会进步的客观需要。习近平总书记在纪念孔子诞辰2565周年国际学术研讨会暨国际儒学联合会第五届会员大会开幕式上的讲话中指出:"科学对待文化传统。不忘历史才能开辟未来,善于继承才能善于创新。优秀传统文化是一个国家、一个民族传承和发展的根本,如果丢掉了,就割断了精神命脉。我们要善于把弘扬优秀传统文化和发展现实文化有机统一起来,紧密结合起来,在继承中发展,在发展中继承。"我们出这两套集成的最根本目的就是要继承优秀的传统文化,又在继承中发展当下的文化,推进我们的文化强市建设,丰富城市的文化内涵,提升城市的知名度和美誉度,助推衢州经济社会的发展繁荣。

在今天新的历史时期,全市人民正团结一心,意气风发,开拓创新,为实现美丽的中国梦、美丽的衢州梦而奋发努力。在这种时代背景下,更需要有优秀的人文精神来凝聚人心,焕发激情,启迪心智,加油鼓劲!《衢州区域文化集成》与《衢州名人集成》的出版,就是顺应这一需要,通过接地气,通文脉,鉴古今,让昨天的文化经典成为我们今天追梦路上新的历史借鉴和新的精神动力!

衢州区域文化集成
　　　　　　编委会
衢州名人集成

2015年12月

目　录

序 言

衢州位于浙江西部，是钱塘江的源头之地，有1800多年建城史，国家历史文化名城。这里有全国唯一的南宗孔氏家庙，有江南保存最好的明代古城墙，还有传说"山中方七日，世上已千年"的围棋圣地烂柯山。因为该市所辖的常山县附近的黄泥塘剖面（奥陶系达瑞威尔阶）和江山市碓边村附近的大豆山东坡脚剖面（寒武系江山阶）被确定为全球标准层型剖面和点位（GSSP），即"金钉子"，以及近几年来常山、龙游等县又被评为中国观赏石之乡，我曾多次到此考察参会，亲身感受到当地政府和民间对观赏石文化的重视和热情。今天，列入衢州市政府第一批文库书籍的《璞玉之美——衢州黄蜡石》问世了，实是可喜、可贺。

中国是玉石文化大国，浙江则是玉石文化底蕴深厚的省份，古代的《云林石谱》和当代四大名石中的青田石和昌化鸡血石都产自浙江。如今，色彩鲜艳、温润细腻、人见人爱的黄蜡石又脱颖而出，相信随着研究、应用、推广的不断深入，黄蜡石会成为浙江文化的又一张名片。

衢州黄蜡石是一种硅质岩，在岩石学上属于石英岩，是一种质地坚硬、以黄色为主，表皮具蜡质感的矿物集合体。据史料记载：黄蜡石首先发现于古真腊国（今柬埔寨），故称蜡石。另有说法，黄蜡石因石表层皮呈蜡油状、颜色多为黄色而得名。其实，人类最早应用黄蜡石的实物，就出土于衢州的龙游青碓遗址，我们的先人早在9000年前就打磨使用黄蜡石了。近代关于黄蜡石的记载和研究比较少。一直到2000年前后,云南龙陵和广东台山发现了优质可用作玉雕的黄蜡石,并得到市场认同,黄蜡石产业迅猛发展。2009年,衢州市向国家商标局申请注册了"衢州黄玉"商标。2010年,优质、细腻的黄蜡石被定名为黄龙玉,并正式列入《珠宝玉石名称国家标准》的天然玉石名称中。

赏石更觉山河美,藏石方知天地宽。《璞玉之美——衢州黄蜡石》一书,从黄蜡石的历史、地理分布、品种分类、欣赏鉴评、雕刻收藏、市场前景、政府举措,到专家评价及雕刻师感悟,一一阐述。把衢州美玉黄蜡石与山相依,与水相融,与古相连,与今相亲的情怀,表露无遗。该书内容详实,引证缜密,语言平实,图片精美,把原本寂寞的黄蜡石,娓娓道来,让读者在认识、欣赏黄蜡石的同时,感受到中华赏石文化的博大精深。相信本书不仅能让爱好黄蜡石的朋友,得到一本系统阐述黄蜡石知识的宝贵资料,也能让刚刚接触黄蜡石或对黄蜡石还陌生的人,了解黄蜡石的前世今生。

历史文化的探寻、挖掘和整理是一项很单调、很辛苦的工作,作者徐国庆——一位退休的老干部,把写书当成一种责任,不辞辛劳,不计得失,而乐此不疲,没有对黄蜡石发自内心的喜爱和对弘扬中华石文化的执着,是万万做不到的。当然,伴随本书的问世,徐国庆先生也实现了从单纯的赏石者到赏石文化传播人的升华。

祝贺《璞玉之美——衢州黄蜡石》的出版。同时也期待衢州黄蜡石能得到更好的开发和利用,为繁荣我国的观赏石和玉石雕刻事业做出新的贡献!

中国观赏石协会会长

2015年12月于北京

第一章 衢州黄蜡石的概述

第一节 悠久的历史

北纬30°，在地球上是一条神秘的地带，陆地最高点，海洋最深处，最干燥的沙漠，最湿润的雨林，齐聚在这条线附近。著名的百慕大、金字塔、珠穆朗玛峰、重庆天坑、张家界都在这条线上，衢州黄蜡石出产地也在这里。

衢州黄蜡石产生于一亿年前白垩纪的恐龙时代，衢州江山和江西东南延伸至江苏西南部一条火山断裂带，由于地热运动频繁，导致岩浆和熔岩喷发，流向岩石的裂隙，在流动中与岩层和表土交融，经过矿化反应混合，产生了硅质岩层，形成衢州黄蜡石的原生矿体。经过地质造山隆起运动，形成仙霞岭山脉（浙闽赣三省交界处），一部分硅质岩层顺江山江流域滚入衢江，一部分滚入江西信江河流域和赣江流域，另一部分滚入福建闽江流域，经过亿万年的水质和土质浸养就形成了带皮或无皮的硅质岩河床卵石，统称为黄蜡石。

衢州黄蜡石雕刻的起源很早，早在新石器时代，生活在衢州一带的先民就开始利用黄蜡石。2012年8月，在龙游县龙洲街道寺后村青碓早期新石器遗址，考古人员发现了一块黄蜡石切割打磨器，该器长10厘米、宽7厘米、厚4厘米，成不规则长方体，其中有两面呈水平状，非常平滑，有明显的人工打磨痕迹（图1-1）。浙江省文物考古专家、省文物考古研究所研究员蒋乐平与龙游县博物馆副馆长朱土生一致判定这块玉器的年份为距今9000年。这是迄今为止发现的年代最久远的黄蜡石手工打磨件，被视为衢州黄蜡石磨制石器的始祖，目

 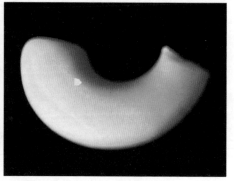

图1-1 "岁月9000"
石种：黄蜡石 尺寸：10×7×4 出产地：龙游
收藏人：龙游县博物馆

图1-2 古玉佩
石种：胶蜡 尺寸：4.1×2.1×0.7
出产地：衢江 收藏人：郑峰

前藏于龙游县博物馆。2010年，衢州石友郑某又在衢江边发现一件黄蜡石材料的环扣器(图1-2)，琢磨工艺已相当精细，经有关专业人士鉴定为约4000年前先民使用的祭祀佩件。

作为传统名石，"蜡石"这个词，最早出现在明代养生家高濂的巨著《遵生八笺》的"高子盆景说"中，至今已有420年。"黄蜡石"一词规范使用于清代，根据谢堃所著的金玉类鉴赏工具书《金玉琐碎》记载：黄蜡石最早发现于古代柬埔寨，因为当时柬埔寨叫"真腊国"，该国向明朝皇帝(明朝崇尚黄玉)进贡了一块极品黄蜡石，所以此石就以国名为石名了。明末清初广东学者屈大均的《广东新语》就单独列出"蜡石篇"，他认为蜡石"色黄属土，而肌体脂腻多生气"，还提出"泉使人贪，而石使人廉"的观点。清代民国以后，随着庭院式园林的发展，"园无石不奇，斋无石不雅，士无石不儒"受这种观念的影响，赏石的人越来越多。

第二节 新生的美玉

虽然早在400年前，我国就有了蜡石的记载，但介绍的主体集中在岭南地区，蜡石的作用也局限于观赏和园林景观方面。进入21世纪以来，随着云南黄龙玉和广东台山玉等出产地的兴起,借助大型挖砂机械的投入使用,衢州市沿江各地陆续发现优质黄蜡石,不仅质量可与云南、广东等地比美,而且水料、山料都有,储量十分可观。附近的兰溪、金华、武义、缙云、松阳和江西省信江、赣江等流域、福建省闽江源头、安徽省黄山市等地,也陆续发现优质黄蜡石资源。2009年经国家商标局注册,衢州黄蜡石中的精品(隐晶质结构,颗粒小于0.01 mm的硅质玉)被命名为"衢州黄玉"。传统的名石终于获得新生。(图1-3—图1-5)

当代黄蜡石产业发展脉络

1979年,石文化积淀深厚的广东开始有人经营黄蜡石,他们从潮汕地区组织了一批黄蜡石小品石出口,成为当代黄蜡石市场热潮的先声。

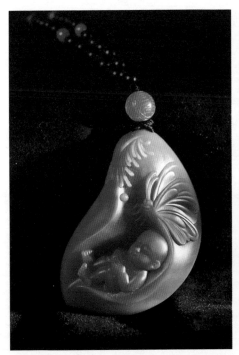

图1-3 向佛
石种:冻腊 出产地:衢江 作者:罗光明
收藏人:方向明

图1-4 英武神威
石种:胶蜡 尺寸:5×10 出产地:衢江
作者:朱晓峰 收藏人:韩建勇

图1-5　如意
石种：冻腊　尺寸：10×2.5×2.5　作者：赵纤彭　收藏人：黄土地

1980年，广州清平路出现马路市场，主要销售潮汕、清远和英德等地的黄蜡石。黄蜡石作为观赏石，逐步从盆景中分离。当时一块蜡石成交价不超过10元。

1982年，香港出版《贞松寿石影印集》，介绍80多岁的邱孜先生"能集百石一室，世不多见"，实录了当时广东黄蜡石藏家的规模。

1983年，32岁的广西人汤知飞，在贺县（现为贺州市）开办"八步石头店"，主营八步蜡石和矿物标本。石头能玩、能贩、还能开店经营！央视新闻和石界后人称之为"中国第一石头店"。

1990年以后，新的蜡石出产地不断涌现。粤西肇庆、阳江，粤中台山、恩平，甚至广西贺州、三江的黄蜡石，也源源不断地运到广州，热销于岭南和港、澳、台地区。

1994年，"两广蜡石研讨会"在广州召开。这是岭南奇石收藏协会举办的岭南黄蜡石精品的首次盛会。

1996年6月江门人凌文龙在当地农民容健文陪伴下，来到台山市北陡镇那琴管理区的铜鼓坑，发现艳丽温润的台山玉（当时叫黄蜡石）。又过了3个月，潮州人陈森源来到台山,在那琴另一条山坑散石湾也发现台山玉,从此,台山玉走出台山,走进各地黄蜡石爱好者家中。

1998年,原本从事珠宝业的广州人黄艺麟到台山大量收购台山蜡石,并开始选用优质的料石进行雕刻,台山玉从石到玉、到宝石,获得市场和更多人的认可。

2002年,衢州人潘国忠在衢江边发现黄蜡石,经浙江大学地球物理研究所竺国强教授检验确认,衢州、金华、绍兴、丽水等地喜好黄蜡石的人群逐渐扩大,黄蜡石开始进入浙江市场。

2004年,云南黄蜡石异军突出,以葛宝荣、刘涛、张家志为核心的团队,打出龙陵"黄龙玉"的品牌,并迅速在全国做大做强,催生、引领、并推动了全国各地的黄蜡石热潮。

2006年,衢州黄蜡石从古玩市场独立而出,并逐步形成具有浙西特色的周末黄蜡石一条街市场、城隍庙黄蜡石市场和旅馆黄蜡石市场等三位一体的衢州黄蜡石市场。

2007年10月1日,衢州市观赏石协会成立,林锦忠为会长、袁洛阳为秘书长,有60名会员,开展了黄蜡石研究、营销、拍卖和交流活动,成为华东地区较早的以黄蜡石赏玩为主的赏石协会。

2009年,衢州市文联在衢州市徽州会馆开办首届黄蜡石展览。衢州市弘明公司印制《衢州黄蜡石》画册。同年,向国家商标局申报注册"衢州黄玉"商标。

2010年,衢州市龙游县政府与中国观赏石协会联合举办第一届赏石文化博览会。以后连年办会,至2015年共办六届。

2014年,衢州市举办第一届衢州黄玉交易博览会和黄玉精品大赛。中共衢州市委、市人大常委会、市政府、市政协领导出席开幕式,市委常委、宣传部长诸葛慧艳致贺词。博览会延续半月有余,成交额超千万元,还评选出获奖精品242件。

潘国忠与黄蜡石的缘分

潘国忠是位于衢州市的国家特大型企业巨化集团公司的员工。从20世纪

90年代开始,他就迷上了千姿百态的石头。2002年初,他到衢江边的亲戚家拜年,天下着瓢泼大雨,农家院墙上,一块黄灿灿的石头吸引了他的眼球,怎么会有这么漂亮的石头?他用手把石头抠下来洗干净,带到杭州向浙江大学地质系主任竺国强教授(现任浙江省观赏石协会副会长)请教,鉴定结果,此石为黄蜡石。竺国强教授告诉潘国忠,黄蜡石是传统观赏石,主产岭南两广地区,既然衢州有发现,可以多加关注。从此,潘国忠就把赏石目光聚焦在黄蜡石上,并为宣传推广这块衢州名石做了大量工作。上海市金山区观赏石协会会长赵华荣是潘国忠的老朋友,最近笔者与赵华荣通了电话,赵华荣说:"2005年我到金华旅游,看到古玩街上有黄蜡石,据说产自衢州,就向一位衢州石友询问,没得到积极回应,只好不了了之。2006年打听到潘国忠这个人,就抱着试试看的心理给他打电话。没想到他非常热情,不仅到路口迎接,帮助安排住宿,还顶着烈日陪我们到黄蜡石出产地河段捡石头,真是十分感动。从此,我们就成了好朋友。"

据此,我们认为,潘国忠对衢州起码有四个贡献:一是发现了躺在我们身边沉睡千年的宝贝——衢州黄蜡石,这是需要一双慧眼的;二是及时请专家鉴定,改变了赏石界"只有岭南产黄蜡石"的传统观念;三是带动了更多的人参与到黄蜡石项目中,现在衢州(包括金华、义乌等地)的赏石人,都直接或者间接受到他的影响,推动了衢州黄蜡石产业的发展;四是以高尚的人品和石品广交石友,宣传树立起衢州人像黄蜡石那样的热情大度、温润可人(现在叫"最美")的形象。

第三节　丰富的价值

一、历史文化价值

爱玉、重玉、藏玉是我国的传统文化。一部玉器发展史,甚至从某种意义上就是中华文明的发展史。作为古代名石,衢州黄蜡石与中国古玉石文化同源,源于新石器时代,在龙游青碓遗址中就出土过九千年前人工打磨的黄蜡石。最近衢江又发现了四千年前古人用黄蜡石制作的玉器祭祀佩件(形状如半个"平安扣",重16克左右)。衢州市博物馆还藏有一块手把件大小的子料原石,系我国著名艺术教育家、佛教律宗高僧李叔同(弘一法师)于20世纪20年代在衢州活动时赠予好友汪梦松的。石上有他"千峰顶上一间屋,老僧半间云半间。昨夜云随风雨去,到头不似老僧闲"手书一首(图1-6)。作为当今新玉种,衢州黄

图1-6　弘一法师手书石
石种:细蜡　出产地:衢州　作者:李叔同
收藏人:衢州博物馆

玉虽然不满10岁,由于它同时具有田黄的艳丽色泽、翡翠的珠光亮宝气、和田玉的细腻温润,因而适用于中国玉雕工艺的各种风格及技法。衢州黄蜡石的产品已经覆盖了传统玉雕的各个题材,并得到专家的充分肯定和人们的普遍喜爱。衢州是南孔圣地,孔子主张玉有九德,君子比德于玉。衢州人弘扬儒学、传承礼治的思想,与黄蜡石热情、温润、细腻的性质一脉相通。

二、艺术欣赏价值

作为新兴的玉雕材料,衢州黄蜡石的色泽美、质地美和宜人之美,也是其他传统玉种所无法比拟的。比如用扬州工雕刻的大型山子摆件以黄蜡石特有的造型、颜色、图纹为载体,以山林题材为主题,点缀人物、树木、动物、建筑,表现自然景致、人文故事和历史场景(图1-7);用苏州工雕刻的挂件、把玩件、子刚牌等,突出表现黄蜡石的温润和油性,造型玲珑清新,严谨别致,线条流畅,精美绝伦(图1-8—图1-10);用福州工的浮雕、薄意、印钮和圆雕等技法创作

图1-7 "江山多娇"山子
石种：胶蜡 尺寸：15×12×4
出产地：衢江 收藏人：夏宏明

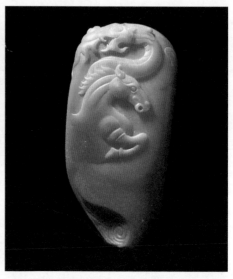

图1-8 龙马精神
石种：胶蜡 尺寸：4.5×10×1.3
出产地：衢江 作者：曹之璟 收藏人：韩建勇

图1-9 祈祷
石种：胶蜡 尺寸：4×6 出产地：衢江
作者：罗光明 收藏人：方向明

图1-10 观音
石种：冻腊 尺寸：4.3×6.4 出产地：衢江
作者：范同生 收藏人：韩建勇

的观赏陈设类作品，思想更开放，技法更写实，对色彩的把握也更大胆更科学。鉴赏玉器包括玉材和工艺两个方面，衢州黄蜡石不仅可以继承中国古玉的传统优势，而且能够承担当代玉雕的创新的责任。

作为原石观赏，衢州黄蜡石既有古人"瘦、皱、漏、透"的赏石情愫，又符合现代人"质、色、形、纹、韵"的审美标准。它形态敦厚朴实，偶有峰峦叠起；它色泽金黄红艳，也有五彩缤纷；它石肤温润细腻，又常见奇纹怪印。衢州市场上经常有"金印"、"天书"、"竹叶"、"稻草"等原生态原石面世。还有历届石展获奖的作品，如"西施浣纱图"、"烂柯山"、"农家腊肉"、"忠实的朋友"等，更是形神兼备，情景交融，美不胜收的绝佳艺术品。（图1-11—图1-14）

三、投资收藏价值

正因为衢州黄蜡石具备了丰富的历史文化价值和艺术欣赏价值，所以它

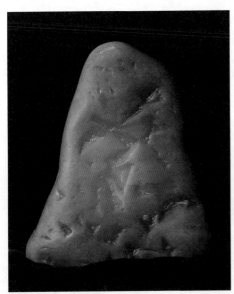

图1-11　"金印"
石种：胶蜡　尺寸：9×5×1.6　出产地：衢江
收藏人：余小尾

图1-12　"天书"
石种：细蜡　尺寸：13×10×3　出产地：衢江
收藏人：寿勤力

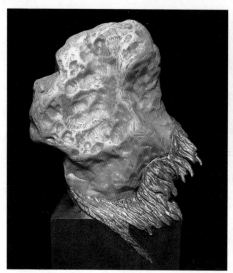

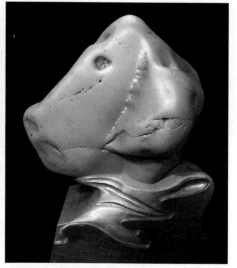

图1-13 祖先
石种：冻蜡 尺寸：23×18×17 出产地：衢江
收藏人：程荣华

图1-14 "猪八戒"
石种：细蜡 尺寸：28×22×17 出产地：衢江
收藏人：程荣华

具有很高的市场投资价值和永久的收藏价值。衢州黄蜡石的原石，无论是美玉无瑕的子料，还是千奇百怪的观赏石，都是举世无双的孤品。衢州黄蜡石的料石精品"衢州黄玉"属天然玉髓类，已列入《中华人民共和国国家标准珠宝玉石名称》，列翡翠、软玉、欧泊之后，排岫岩玉、独山玉及鸡血石、寿山石（田黄）、青田石之前。由于开发起步晚、市场知名度不高的原因，"衢州黄玉"目前的市场价格不仅大大低于翡翠、和田玉和四大名石，而且也明显低于同类结构的黄龙玉和台山玉，确实是大众消费和高端收藏都欢迎的新玉种。在雕刻工艺上，衢州黄玉又可借鉴黄龙玉和台山玉的经验，借力于福州工、苏州工等成熟的雕刻技艺去创作精品。因此，在资源日趋稀缺、人工费用和艺术品价格不断高涨的今天，天生丽质的黄蜡石原石和精美的"衢州黄玉"雕件，应该是众多投资收藏项目中的明智选择。

第二章　衢州黄蜡石的生成及分布

第一节　丹霞蕴宝藏

衢州地处浙江省西部、钱塘江上游，金衢盆地西段。地理坐标为东经118°01′—119°20′，北纬28°14′—29°30′。东西宽127.5公里，南北长140.25公里，面积8836.52平方公里。衢州市城东接金华市婺城区、兰溪市，东南接丽水市遂昌县，南部与福建省南平市浦城县相交，西部与江西省上饶市广丰县、玉山县、景德镇市、婺源县为邻，西北部与安徽省黄山市休宁县接壤，北面与杭州市淳安县、建德市毗连。衢州市下辖柯城区、衢江区、龙游县、江山市、常山县、开化县。(图2-1)

本区地质背景

在地球14亿年的漫长地质发展历程中，衢州发生了许多重大地质事件。自元古代以来，地壳由塑性向刚性演变的全过程中，大体经历了三大发展阶段及与其相对应的三个地质发展时期：

1. 前震旦纪发展时期——地槽阶段(10亿年—8.0亿年前)；

2. 震旦纪——中三叠世发展时期——准地台阶段(8.0亿年—2.05亿年前)；

3. 晚三叠世——第四纪发展时期——陆缘活动阶段(2.05亿年—248万年前)。

本区地层发育齐全，自元古界到第四系均有出露。本区地壳经历了地槽

图2-1　国家历史文化名城衢州府城
作者：汪剑弘

阶段—地台—陆缘活动三大发展阶段，形成了相应的三大沉积建造系列。早期以碎屑沉积和海底火山喷发和陆缘粗屑堆积为特征。本区以江山—绍兴深断裂带为界，北部和南部的沉积建造系列和发育程度存在较大差别，形成两个构造地层区：西北部以江南地层区；东南部为华南地层区。西北部（江南地层区）包括开化和常山两县的全部以及江山、柯城、衢江、龙游四县（市）的北部（大体以浙赣铁路为界），该区自古界至第四系发育齐全，褶皱构造明显，火山活动强烈；东南部（华南地层区），包括江山、柯城、衢江、龙游四县（市、区）的南部，以大片中生代火山沉积岩系所覆盖为特征，其基底主要为前震旦系变质岩系。火山岩发育区易形成丹霞地貌。

衢州矿产丰富

衢州地处江山—绍兴拼合带及其两侧,大地构造位于华南褶皱系的浙东南隆地区和扬子准地台的钱塘台褶带的交合区,经受了多次复杂的地质变动,境内地层出露较齐全,岩浆活动具有多旋回性,火山活动较强烈,侵入作用明显,成矿地质条件较好。

衢州矿产资源种类众多,全市已发现50多种固体矿种,可供开发利用的矿产有34种,有55个矿出产地(不包括铀矿)进行过普查以上的地质工作,有大中型矿床17个、小型矿床38个,尤以非金属矿产具有显著的比较优势,也伴生有金、银、铜、铅、锌、铁等金属矿产。

据不完全统计,全市共有矿床点246处,其中非金属矿床134处,占全市矿产总数的54.47%,具工业价值的主要有石煤、煤、铅锌矿、钨矿、黄钱矿、毒砂、磷矿、萤石、钾矿、叶蜡石、石灰岩、大理岩、白圭岩、砂岩、铝土矿、粘土(岩)及蛇纹岩等。其中水泥用灰岩,资源丰富,品位较高,查明资源量达48.3亿吨。硫铁矿保有资源储量2168.8万吨,并伴(共)生铜6388.6吨、铅9021.8吨、锌19624.4吨、银43.0吨。石煤查明资源储量约6.8亿吨。叶蜡石年产矿石量约22万吨,保有资源储量约730万吨。萤石矿已查明资源约1600万吨,矿物量约700万吨。方解石资源丰富,品位较好,预测资源量达840万吨。据《衢州市矿产资源总体规划(2010—2015年)》介绍,衢州石灰岩、石煤、黄铁矿的资源量居全省前列,叶蜡石为全省四大产区之一,青石板材、水泥配料用岩开发也具一定规模,"十一五"期间新发现的萤石黄蜡石矿为氟化工的发展和黄蜡石山料储备,提供了充足的后备资源。

黄蜡石的生成

衢州黄蜡石的原生矿常与萤石矿共生。目前已查明资源储量的萤石黄蜡石共生矿主要分布于江山市张村乡、塘源口乡、长台镇—百石地区和开化县杨林镇、常山县新昌乡、衢江区峡川镇以及龙游县溪口镇灵山乡和社阳乡,矿点较分散,大多为小规模开采,资源量达12.8万吨。至2009年底共有25个商业性萤石矿权,目前勘查工作正常,规划期内将有更多萤石黄蜡石储量探明。

萤石黄蜡石矿受长台火山构造盆地、峡口火山构造盆地及塘源口—泥洞火山洼地等三个火山构造控制。矿体以脉状产出为主,少数为扁豆状、串珠状。矿体呈陡倾斜产出,常见倾角70°—80°,矿石主要由萤石、黄蜡石山料组成。成矿围岩主要为上侏罗纪磨石山群,常见围岩角砾一般呈块状、条带状构造,少数为角砾状及团块状构造,部分产于白垩系地层。矿石含最高可达90.87%—97.7%。萤石黄蜡石矿之成矿作用与火山热液活动有关,为裂隙充填型矿床。百石地区的矿脉一般较大,长在100—500米之间,宽为0.1—2.4米(塘源—西坂坞矿带)。在陈家—周家、长安—泉水坂矿带则较小,长10—50米,宽0.2—1.2米;在长台地区,矿脉长60—1200米之间,一般为100—500米,脉宽0.4—1.5米,柴村矿见矿脉5条,一般长100—150米,脉厚0.95—1.00米,矿石由萤石、硅质岩等组成。

衢州萤石黄蜡石矿可分南、北两块矿区。南部矿区(华南褶皱板块)在江山市、衢江区、龙游县的南部区域。北部矿区(扬子准地台板块)包括开化县、常山县全境及柯城区、衢江区、龙游县北部地区。以江山—绍兴深断裂带为界(大体在浙赣铁路线附近),南部矿点产出的黄蜡石颗粒细腻,质地温润。北部矿点产出的黄蜡石就相对粗糙一些。反映在水料上,就是江山港经常有优质料石出水,而常山港则鲜见有隐晶质黄蜡石存在。这或许可从地质科学上解答了衢州石友"同是衢江两条源,为什么差别特别大"的疑问。

黄蜡石储量分析

对衢州黄蜡石原生矿的储量,地矿部门没有进行专业勘探。笔者在江山市人大常委会副主任徐柏民和祝朝国的陪同下,于2015年10月18日专程到江山市峡口镇,采访了保安萤石黄蜡石矿的法人徐祥水和保安村党支部书记胡维忠。根据徐祥水、胡维忠介绍,该矿从1992年5月开始采矿,在近十年里累计采矿2.2万吨,其中萤石矿20900吨,黄蜡石矿料1100吨,占比为5%。在1100吨黄蜡石矿料中,颗粒细腻、玉化程度高、色泽艳丽(红、蓝、绿、白)的料石又是少数,估计不到10%。由于当年开矿以获取萤石为主要目的,对硬度更高,开采难度更大的黄蜡石矿料(当地称"白夹料")没予以重视,只是闲置堆放。直到2010年发现这些料石有较高的利用价值,才引起人们的重视。近几年有近千吨黄蜡石山料被石商石友收购收藏。徐祥水还向我们介绍,江山市及附近福建省浦城县的其他萤石矿也有类似的硅化岩矿料伴生,只是质量没有保安矿的好。(图2-2)

依据保安矿情况分析,衢州市现已查明萤石矿资源约1600万吨,矿物量氟化钙(CaF_2)约700万吨,按照5%的比例,黄蜡石矿料资源约80万吨。80万吨

图2-2　保安黄蜡石山料矿点

黄蜡石矿料中，优质矿料以1%计算，就有8000吨，这些都是大自然赋予衢州人民的宝贵财富。

第二节　碧水润蜡石

自元古以来的地槽、地台及陆缘活动，三大地壳演变阶段和神功、晋宁、加里东、华力西—印支、燕山、喜马拉雅六个构造运动，不仅造就了衢州壮美的地貌和丰富的矿藏，还直接影响着区域内的气候变化和水系发育，从而为衢州黄蜡石的凤凰涅槃创造了条件。

衢江是衢州的母亲河，作为钱塘江的南部源头，它发源于浙、赣、皖三省交界的安徽省休宁县青芝埭尖北坡（源头海拔810米），到兰溪市横山脚下汇入兰江（钱塘江中游，海拔40米），全长257.4公里，先后流经安徽、浙江两省的休宁、开化、常山、江山、柯城、衢江、龙游、婺城、兰溪等9个县（市、区），流域面积11477.2平方公里。（图2-3）

图2-3　衢江浮石潭

衢江自西向东横贯衢州,将全市切割成南北两部分,有常山港、江山港、乌溪江、大头源(石梁溪)、庙源溪、邵源溪、铜山源、芝溪、下山溪、上山溪等10条一级支流汇入干流,另有各支流汇集的数十条分支流,形成羽枝状的衢江水系。

钱塘江水系的河床有三类:山地河床、山间盆地河床、河口平原区河床,衢江的河床属于前两类。衢江干流在开化马金以上,坡陡流急,平均坡降11.5‰,马金以下至开化县城和华埠段,平均坡降1.4‰,河宽40—100米。华埠以下进入常山红壤盆地,河宽80—120米,坡降0.8‰—0.5‰。主要支流江山港上游的河床,深切山区峡谷,多急流险滩,河宽仅20—50米,平均坡降4.8‰,在峡口进入盆地后,河宽50—100米,坡降2.5‰,从茅坂经江山市区到河口段,河床宽70—150米,坡降1.2‰,砂砾漫滩开始发育。从衢州市区双港口开始,常山港、江山港汇成衢江,衢江主流长82公里,坡降0.5‰,河面一般宽400—500米,砂砾漫滩充分舒展,最宽处达6000米(龙游县湖镇附近),河床砂砾层深度达20米。

衢州市的降水量是整个钱塘江流域最大的地区。据《钱塘江志》(方志出版社1998年版)记载,衢州多年平均年降水量为1711.0毫米,其中上游的齐溪和青井站,分别达到1895.1毫米和1705.5毫米。而水面蒸发量衢州又是全流域最大的地区,达到1000毫米。尤其是每年8月,衢州蒸发量为168.5毫米,淳安仅为132.4毫米。衢江水位的变幅也很大:衢州站最高水位为67.56米,最低水位为57.20米,水位差达10.36米。江山港双塔底站最高水位90.16米,最低水位为85.0米(为河底高程)。

衢州地处金衢盆地的西部,土壤类型从周边山地、丘陵到盆地,分别以山地黄壤、红壤、紫色土和潮红土为主。还有常山盆地、江山盆地也都是典型的红岩、红土低丘。红色砂砾岩组成的高丘,江郎山的赤壁悬崖,被评为丹霞地貌的世界自然遗产。从土壤分布看,衢州盆地的红壤最具代表性和连续性。根据理化性质分析,红壤土呈均匀的红色或黄红色,含铁的矿物质风化与淋溶作用较强,呈酸性(pH值为5左右),透水性较差,故易受侵蚀。

特别的地质构造,夸张的气象条件,适当的河床水流和典型的土壤成分等诸多因素集聚在衢州,然而,它们还要磨合,还要等待,这就是水的优化作用。

西方哲学认为世界有四种基本本原:火、土、水、风,这大体上与中国古代的金、木、水、火、土五行相合。其实本原和五行讲的就是物质,是最普通的物质,最普通的物质是最基本的物质,最基本的物质是最宝贵的物质。而水的特殊性就是在于:它渗透、参与并黏合其他事物。我国传统文化是这样赞美水的:水有奉献意识,利于万物;有流聚意识,蓄积能量;有兼容意识,接纳百川;有清美意识,洁身自好;有果断意识,一往无前。一句话,水有母性,融万物,只要有清洁可持续的流水,就有健康可持续的未来!

衢州的水可用三个词表述:量多、质优、景美。衢州雨量充沛,河道径流量大,年平均水资源量为101.32亿立方米(1956—2000年水文资料),人均占有量为全省的2倍;衢州水质优良,不仅优于国家一类地表水标准,优于著名的千岛湖,而且优于世界卫生组织和美国环境署饮用水的指标限值;衢州水景优美,全市森林覆盖率超过71%,山林绿化率高达94.8%,真正达到了"水声潺潺,水色朦胧,水态丰腴,水意豁达"的境界。千万年的衢江水正是以母亲的情怀,通过以下三大作用孕育出流光溢彩、温润坚韧的衢州黄蜡石。(图2-4)

水对黄蜡石的净化、美化作用。黄蜡石的形成离不开水。黄蜡石属于次生变质岩,在衢州富含二氧化硅的花岗地带,地下水和热液沿着石体的裂隙不断充填沉淀,形成石脉即黄蜡石原矿。经过长时间的水解作用、水化作用和氧化作用,原矿中天然不规则状的"气液包裹体"和后天在剥蚀、搬运撞击中形成的隐裂缝隙,被水带入的物质填充置换而净化。各种微量的化学元素通过原生氧化转色(内源转色)和次生浸染致色(外源染色),进入石英微颗粒的孔隙、二氧化硅分子和离子间的超微间隙,造就了衢州黄蜡石以黄红暖色为主,

图2-4　汛期的衢江

兼有红、蓝、灰、白、黑等多种色彩的美丽。又经过水的冲磨与提炼，原石实现了"去软留硬，去疏留密，去杂质保精华"的蜕变。这也是为什么黄蜡石水料比山料好，下游料比上游料精（水量大，水位稳，有充足的优化时间和空间）的原因所在。

　　水对黄蜡石的塑形作用。从原石脱离母矿开始，黄蜡石就走上水蚀、风化塑形的历程。经过水、风、冰川等自然力不间断的冲刷、磨蚀、搬动和滚移，原本锋芒毕露、棱角分明的矿料被渐渐磨钝，轮廓渐渐浑圆，体量渐渐缩小，石肤渐渐光滑，滚移距离越长，外形越趋圆滑。根据衢江水系的实地调查，一般搬运距离超过50公里，就会形成黄蜡石子料。而那些大块的矿料或搬运距离不够长的矿料，就成为黄蜡石的"山流水"料。山流水多呈次棱角、不规则的次圆状,其接地面明显,色彩纹理也更具母矿特征。通过水对矿料原石的塑形作用,可以产生千姿百态的黄蜡石观赏石和形质俱佳的黄蜡石子料。

水对黄蜡石的润肤作用。在水流塑造黄蜡石外形的同时,水体通过水解、水化和氧化作用,也美化着黄蜡石的石肤。经过优质水体长时间、长距离的洗礼,衢州黄蜡石的石肤特别细腻,手抚的触觉就像婴儿的皮肤。经过解体、破碎的原石,在水的作用下发生解离氧化,使原石表面产生各种形态的透、皱、纹、印,加上长期酸性物质的低温溶蚀,铁、锰和石英的氧化物附着在石表面,就形成了油光发亮、蜡状质感的黄蜡石石肤。另外,在衢州南部有温泉地热的地质结构中,特别是含有硫化氢和硫磺的温泉热水,能促进黄蜡石表面的氧化铁与硫酸的作用,还原成"硫化亚铁",形成黑色的石皮,从而产生了黄蜡石水料的一个特殊品种"乌鸦皮"。乌鸦皮有两类,黑皮黄肉的称"铁包金",黑皮白肉的称"铁包银",都是俏色玉雕的好材料。

第三节　不同的河段,多彩的风景

衢州黄蜡石离不开衢江的水,是衢江的水赋予黄蜡石美玉般的品质。同样,衢州黄蜡石也离不开砂,因为自脱离了原生矿,黄蜡石就与砂土为伴,只有采砂业的发展,才有今日黄蜡石产业的兴起。(图2-5)

衢州砂石业的发展

衢州砂石行业经历了四个阶段。第一阶段起步于20世纪80年代。"文化大革命"结束后,国家的重心转向经济建设,砂石用量大幅上升,沿江的乡村通过集体发包开发砂石资源。作业方式主要以人力和小机械进行筛架分离;第二阶段从90年代开始,砂场业主引进采砂船,砂石直接在船上分离,废石弃于河道中。1994年用船采砂,只不过当时是用两只小木船,中间用铁架相连,只能在河边浅水处挖掘,挖斗只有30厘米宽,能挖4米深。1999年大型挖砂船进入衢江,挖斗宽1米,有60只斗,分两段架设,第一段可挖6米深,第二段挖深10米以上,

图2-5　砂砾层

最深挖到20米（衢州河床最深20米）作业区从江边发展到江心（图2-6）。随着砂产量的成倍增长，深藏河底的优质黄蜡石水料开始露出水面；第三阶段在进入21世纪以后，经济发展和城市建设进一步提速，沿江砂场发展到191家，河砂仍供不应求，业主又改进生产方式，引进制砂设备，把挖砂分离出的废石粉碎制砂；第四阶段从2013年起，针对无序挖砂造成的河道环境问题，衢州市开展砂石资源整治工作，2014年浙江省委、省政府提出"五水共治"要求，全市河道砂场控制到36家，要求至2015年6月底，全市基本禁止河道采砂。今后建设需要的砂石，主要为外地调入砂、本地机制砂和衢江疏通河道制砂获取。

不同的河段，多彩的风景

　　从衢江干流常山港的源头板苍到衢州市区双港口有175.4公里，从江山港源头的龙井坑至双港口有137.4公里，再从两江合流的起点双港口算起，到汇入

图2-6　挖砂船在作业

兰江的马公滩有82公里，257.4公里的衢江，不同的河段有不同的风景，不同河段的黄蜡石也呈现出多样的风采。（图2-7）

　　从上游往下游方，常山港发现有成片黄蜡石的河段在开化县的星口镇范围。这里距池淮溪的源头垌头近50公里，河道因进入池淮畈、立江畈而逐渐变宽。江山港首现黄蜡石的河段在进入江山盆地的凤林、游头一带，距源头龙井坑也有50多公里。最大支流乌溪江因为建有两座拦河坝（水库），已难识原始面貌，只有在二级坝黄坛口水库大坝下发现较多的黄蜡石，这里距源头浦城县的大福罗山已有140多公里。这三处的河段有一个共同点，即都处在山区与盆地的结合部，河床砂砾层不厚，最深不过三四米，黄蜡石都散布在河床表面，单体重量有几十公斤，最大的超过百公斤，石型多呈流水状，水洗度不高，少有优质的黄蜡石观赏石和料石。

图 2-7　池淮畈江景

　　衢江出产黄蜡石品种最多的是江山港的大溪滩（江山市上余镇范围）至后溪、廿里（属衢江区）的20公里河段（图2-8）。这里一边靠山一边是平川，江面宽100米，沙滩却有近千米宽，河床深度超过10米，是衢江上游最大的溪滩。兴旺的年份沿河办过20多个砂场，也是衢州石友最早光顾的地方，2002年潘国忠就是在廿里发现黄蜡石并送到杭州鉴定的。这里称得上是衢州黄蜡石产业的摇篮。大溪滩至廿里河段出产的黄蜡石不仅数量大，而且品种多。观赏石有千姿百态的"黄皮料"、"山皮料"、"平板料"和"彩蜡"，小的几公斤，大的上百斤，且都有一层厚厚的包浆，还出过衢州最大的"晶蜡王"（图2-9）。料石有10公斤左右的"廿里冻"，也有几百克的细蜡冻和"红冻"。只是有经验的雕刻师认为，上游的料石赌性较大，皮色往往很透、很好，到底里面是什么颜色，有无绺裂、棉絮和杂质，谁也说不准。

图2-8　江山港大溪滩砂场

图2-9　龙脉
石种：晶蜡　尺寸：55×58×22
出产地：江山港　收藏人：张梅珍

樟潭至安仁河段(图2-10)出产的黄蜡石最奇。衢江自双港口经市区后下游20公里,就是樟潭、安仁段(属柯城、衢江区范围),这里江面开阔,河床发育充分,至今保留着南山底等地的千亩原始滩,盛产各类黄蜡石(图2-11)。这里出产的黄蜡石大小适中,25—35厘米的观赏石堪称标准件,15厘米左右的冻蜡、细蜡冻料石,制作山子、手镯也恰到好处。更奇特的是除上游和下游都有产出的品种外,这里还有一种全国罕见的品种——"梨皮"。"梨皮"之所以奇,不仅因为国内没有任何介绍,还在于至今还未找到它的矿料源头!这种以梨皮状斑点为特征的子料,初始用于观赏,进而用于雕刻,现在发展到观赏雕刻两相宜的境界,也是衢州黄蜡石发展史上的一个奇迹。(图2-12)

衢江下游的黄蜡石最精细。衢州玩石界有句谚语:"砂是上游硬,石是下游

图2-10　衢江樟潭—安仁风景

图2-11 千亩原始滩

图2-12 "梨皮石"
石种：梨皮石 出产地：衢江
收藏人：邵新民

精。"从龙游以下到汇入兰江的40多公里河段,是衢江出产精品黄蜡石最多的地方。这里有浙江最大的龙游汀塘圩砂场(图2-13),有出产荣获多次金奖的名石"龙游天下"的湖镇邵家,还有下游的洋埠、罗埠、大园畈,顶尖的料石"西瓜红"就产自这里。还有料、形皆优鬼斧神工的"金牌"、十二生肖的"虎虎生威"、500克重的极品子料"圆满"都产自这里。下游黄蜡石美中不足的是个体较小,很少有超过1000克的大料,而且观赏石的造型趋于浑圆,皮色不及上游的艳丽。

纵观黄蜡石在衢江不同河段的生存状态,我们可以得出一个观点,距源头50公里的距离是水料黄蜡石产生的基础条件。随着水流搬运距离的增加,距离越长水洗度越好,水的优化作用也就越明显。衢州有经验的石友,仅看石形、石色和石皮就知道这块石头出自哪里,这就是"石虽不言胜有言,精诚所至金石开"。

图2-13 汀塘圩砂场

衢江河道的变迁

俗话说"三十年河东,三十年河西",河道变迁短则几十年,长则数百年就能完成。衢江水系在进入江山盆地、常山盆地之前属山区河床,侵蚀切割深,河道不易变迁。但进入盆地开阔地之后,河道变化还是明显的。先说江山港,从江山上余镇流入衢江区范围后,鱼头塘至柯城区坑西一段近五千米河道,在近40年中已变道3次,主河道已从江心圩的南沿移到北沿(距离600多米)。还有乌溪江边柯城区的溪东埠村,在300年前还位于乌溪江的东岸,故取名"溪东埠",现在却远在西岸1000米之外了,在村西地表下数米还发现有大面积故道砂砾层。

衢江河道变迁在下游表现更充分,从2008年12月出版的《衢州市地图集》(衢州市地名委员会编制)可以看出,衢江樟潭至安仁河段(郑溪、前松园、中央徐、郑家、吕家等村),主河道在几十年的时间里已北移了1000多米。而在龙游县团石、小南海河段,衢江则向南移动了1500米。宋、元、明的古诗中描绘的水拍崖壁的翠光岩景点,更是人去景移不复存在了。据400年前纂修的天启《衢州府志》记载:"翠光岩,(龙游)县北溪次,方二丈。"说明翠光岩当时还高耸于衢江岸边。明代抗倭名将胡宗宪驻兵龙游时,曾作《同幕客徐天池沈勾章秀才翠光岩看渡兵》诗,诗中徐天池即徐渭,沈秀才即沈明臣。徐、沈两人也分别以《太末江中连雨呈伟长将军》和《奉侍少保胡公宴集翠光岩》作答。到民国二十六年(1937年),衢州著名学者余绍宋等人游览时,岩下的江水已变成平畴旷野。又过60多年,龙游县中埠村有人发现一块长100米、高20米的岩石突兀高耸,后来证实这正是古人瞻望吟诗的翠光岩,这就是如今远离江边的一块宝地——龙游石窟景区!

衢江流入金华、兰溪界的洋埠、游埠河段的杨埠头、老鸭滩、大街里、石灰潭等地,古河道的痕迹依稀可见,古河床上层为第四纪冲积层松散堆积物,下层属白垩纪紫红色粉砂岩和粉砂质泥岩。在远离江边的杨埠农田中,还留有一座长60米、宽1.2米的13孔石桥。经地质部门勘察确定,兰溪市游埠镇编制了《游埠镇古河道开发利用规划》，古老的衢江故道将在不远的未来再现自己别样的风采。

　　了解了衢江河道的变迁，其实就是掌握了衢州黄蜡石的资源。可以这样说，在从远古至今的亿万年中，是生生不息、不断流淌的衢江把周边大山奉献的黄蜡石矿料带到我们身边，又经历长时间水的优化作用和土层的融合，才有了衢州人今天的宝藏。我们可以自豪地说，金衢盆地有多宽，我们的藏宝地就有多广。人们感谢大自然对衢州的厚爱，首先要感恩衢州的绿水和青山。(图2-14)

图2-14　乌溪江风景
作者：陈晓峰

第三章　衢州黄蜡石的理化特性及分类

第一节　黄蜡石的理化特性

衢州黄蜡石的原岩为硅质岩,由于构造变动、火山活动、热液作用等影响,生产复杂的物理和化学变化,包括重结晶、热变质等,导致矿物成分及结构构造的变化,后受构造变动的影响,岩石出露地表,与酸性土壤环境长期接触。一部分在溪流中长期磨蚀,经历转化、染色、磨圆,形成河谷中的子料(衢江流域)。一部分黄蜡石以原生矿的形式存在(如江山市保安矿点、衢江区乌溪江矿点),致密细粒者成为优质黄蜡石,质量可媲美云南黄龙玉。

黄蜡石的理化特性

1. 解理及断口

各项力学性质均匀而无解理。由于优质黄蜡石颗粒细腻,断口呈弱的参差状,没有油脂光泽。颗粒直径大于0.1毫米的属于显晶质石英岩,断口没有油脂状光泽。

2. 光性特征

颜色

衢州黄蜡石以黄色和红黄色为常见,此外还有粉色、绿色、黑色、浅蓝、浅灰、白色等颜色,亦有外黑内黄、外红内黄、外褐内蓝等混合色,部分还具有条纹结构,可做成"巧色"。色彩的多样性使黄蜡石雕件更具观赏性,其经济价值也随之提升。

产自河床中的黄蜡石，颜色以黄色和褐黄色为主，部分黄蜡石表面呈黄色，内部颜色变浅。产自江山保安矿区的黄蜡石，颜色更加丰富，其中以红色、红黄色为特色，也产出灰色、白色蓝绿色等颜色的黄蜡石。衢江区乌溪江矿区产的黄蜡石，颜色以白色、浅蓝色、浅蓝绿色为主。(图3-1—图3-3)

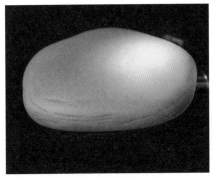 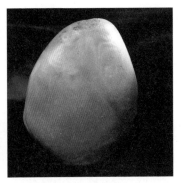

图3-1 掌中宝
石种：胶蜡 尺寸：8×6×1 出产地：衢江
收藏人：胡晓明

图3-2 飘红水料
石种：冻蜡 尺寸：8×5×3.5
出产地：赣江 收藏人：许诺

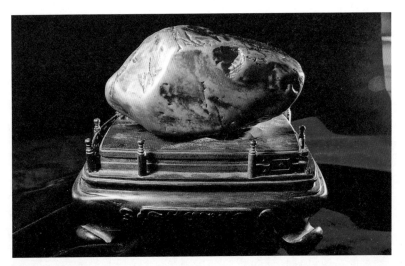

图3-3 紫罗兰水料
石种：冻蜡 尺寸：14×10×7 出产地：衢江 收藏人：潘国忠

光泽

黄蜡石多数呈油脂光泽、蜡状光泽,少数呈玻璃光泽。光泽与质地相关,质地细腻则呈现油脂—玻璃光泽。部分粗蜡,因含有高岭土等杂质呈现土状光泽。

透明度

透明度是指可见光透过的程度。衢州黄蜡石一般情况下分为亚透明、半透明、微透明、不透明。这主要与黄蜡石对光的吸收强弱有关。在玉石行业中,称透明度为"水头"。黄蜡石的"色"与"水"是一对矛盾,色浓则水短,一般认为,以色6—7分、水3—4分为佳。颜色艳丽、半透明为上品。

折射率

选不同档次的黄蜡石进行折射率测试,点测折射率为1.53—1.55。紫外荧光。

衢州黄蜡石原石大多与萤石共生,其围岩部分的萤石具有荧光反应,黄蜡石无荧光。

3. 力学特征

密度

用静水力学法对10个标本测试,衢州黄蜡石的密度为2.58—2.67克/立方厘米。其中3个山料标本平均密度为2.59克/立方厘米,7个水料标本平均密度为2.64克/立方厘米,水料密度明显高于山料。密度是判断黄蜡石品质优劣的一项重要指标。

硬度

衢州黄蜡石的摩氏硬度为6.5°—7°,比和田玉高,比水晶低,与翡翠相当。硬度与矿物化学成分相关,二氧化硅的含量高,硬度就大;密度低、杂质多硬度就小。人们之所以说优质黄蜡石胜似田黄,就是说具有更好的耐磨性和持久性。

韧性

优质黄蜡石的韧性很好,仅略次于和田玉,而优于翡翠,更比晶体结构的水晶和密度较低的硅化玉好很多。有些老玉雕师习惯以"丝"来判断材料的韧性,即在相同条件下1毫米宽度内可雕几笔发丝。比如翡翠可雕二笔发丝,称"二丝",和田玉可雕四笔称"四丝",优质黄蜡石可达到"三丝"。

4. 结构特征

颗粒

根据中国冶金地质总局测试中心岩矿鉴定报告:衢州送检标本10个(为随机抽样)。其中:

1号—3号样品(江山山料),粒径在0.005—0.03毫米;

4号样品(江西乐安河料),粒径在0.01—0.03毫米;

5号样品(衢江细蜡),粒径在0.01—0.03毫米;

6号样品(衢江梨皮蜡),粒径在0.005—0.02毫米;

7号样品(衢江树化玉),粒径在0.005—0.02毫米;

8号样品(衢江冻蜡),粒径在0.01—0.07毫米;

9号样品(衢江胶蜡),粒径在0.01—0.15毫米;

10号样品(衢江碧玉冻),粒径在0.01—0.15毫米。

检测表明,衢州黄蜡石不论是水料还是山料,都具微晶——隐晶结构,颗粒极其细小,大小相对均匀,粒径以0.01毫米为主,符合优质硅化玉——玉髓的标准

2012年,浙江省珠宝玉石首饰鉴定中心曾对本省各地的黄蜡石山料、水料进行显微镜观察,得出的结论是衢江的水料颗粒最细腻、最均匀。

矿物成分

经显微镜下岩矿鉴定:衢州黄蜡石矿物成分基本相同,主要为硅质岩的玉髓类。泥铁质的含量在1%—2%之间,成分有黄铁矿、赤铁矿和褐铁矿,还有少

量的云母、长石、萤石、高岭石等共生矿物。

5. 化学特征

化学成分

衢州黄蜡石的化学成分基本相同,送检样品的二氧化硅含量约为89.50%—98.30%(梨皮蜡含量为76.70%,应是例外)。其他微量元素还有钠(Na)、镁(Mg)、铝(Ai)、硅(Sl)、磷(P)、硫(S)、氯(Cl)、铁(Fe)、钾(K)、钙(Ca)、钠(Na)、钛(Ti)、锰(Mn)、钡(Bn)等22种(附检测报告表)。黄蜡石的黄、橙、红三色主要由三价铁离子致色,黑、灰、墨绿、褐绿色主要由二价铁离子致色,青、蓝、紫等色除与不同价位的铁离子、锰离子共存有关外,还与其他微量元素的作用关系密切。衢州黄蜡石的铁离子的含量较高。这可能是导致黄蜡石呈黄、红色调的一个主要因素。

6. 与黄龙玉、台山玉相比

从各项检测指标看,衢州黄蜡石与云南黄龙玉、广东台山玉的物理性质和化学性质基本相同,主要成分为二氧化硅(SiO_2)其中颗粒小于0.01毫米的为隐晶质结构,应定名为黄玉髓。根据玉石分类方法,对不同出产地的同族玉石,可以分为亚族,这样衢州黄蜡石中的衢州黄玉与黄龙玉、台山玉一样,都是玉髓的一个亚族。产自衢江河段的黄蜡石颗粒特别细腻均匀,比黄龙玉和省内其他地方产的黄蜡石更好。(见衢州黄蜡石与黄龙玉、台山玉比较表)

表3-1　衢州黄蜡石与黄龙玉、台山玉对比表

	衢州黄蜡石	云南黄龙玉*	广东台山玉**
结构特征	微晶—隐晶质结构,粒径从0.001—0.03毫米,放大镜下无颗粒感	隐晶质结构,粒径0.012—0.001毫米,放大镜下有颗粒感	显微显晶质—隐晶质粒状结构,粒径从0.01—0.05毫米
折射率	1.53—1.55	1.52—1.54	缺数据

（续表）

颜　色	颜色丰富,有黄、红、白、绿、蓝、黑等色	颜色丰富,以黄、红色系为主	颜色丰富,以黄、红色为主,有白、黑、灰等多色
透明度	半透明、微透明、不透明	半透明与微透明之间	半透明与微透明之间
密　度	2.58—2.67	2.60—2.71	2.61
硬　度	6.5—7	6.5—7	6—7
化学成分	二氧化硅为主+微量元素22种以上　有黄铁矿、褐铁矿、高岭石、云田等矿物成分	二氧化硅为主+微量元素30多种　有黄铁矿、高岭土、白云田等矿物成分	二氧化硅含量90%以上,有褐铁矿、赤铁矿、白云母等矿物成分

资料来源: * 葛宝荣、刘涛、张家志:《中国国家宝藏·黄龙玉》,地质出版社2009年版。

　　　　　** 凌文龙、宋石明、黄铭正:《广东台山美石》,中国收藏出版社2005年版。

　　一方水土养育一方石头,衢州黄蜡石与黄龙玉、台山玉有所不同的是,由于地质地貌和微量元素的差异,这三兄弟还是有各自的长相和特点的,更不能简单地厚此薄彼。比如就目前的产出状态而言,衢州黄蜡石主要是水料,而黄龙玉、台山玉则以山流水、山料为主。虽然衢州黄蜡石在透明度上不如黄龙玉透亮、在色彩上也没有台山玉红艳,但是衢州的黄蜡石水料稳定性更好,更能体现玉的温润。何况水料中还有千姿百态的观赏石,这也是衢州人引以为自豪的。(图3-4—图3-6)

第二节　黄蜡石的分类

　　衢州黄蜡石从原生到次生,从矿脉到河流,按产出的情况可分为山料和水料两大类,其中水料又可按水的优化程度和时间长短分为山流水料和子料两类。

山料

　　山料指产于山中的原生矿料。主要产于浙、闽、赣三省交界的仙霞岭山脉的江山市、衢江区的南部地区。附近的浦城、松阳、缙云等县也有出产。衢州黄蜡石山料的质地以江山市保安镇所产为佳。由于发现较晚,衢州黄蜡石的

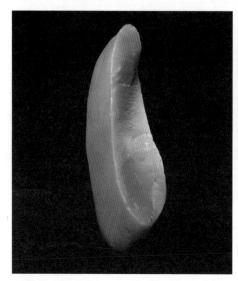

图 3-4　红胶蜡
石种：胶蜡　尺寸：15×7×3.5　出产地：衢江
收藏人：沱沱

图 3-5　黄子料
石种：胶蜡　出产地：衢江　收藏人：许诺

图 3-6　"佰财"
石种：晶蜡　尺寸：16×15×8　出产地：信江　收藏人：程荣华

山料尚未进行大规模开发,但仅从几个矿脉露头点分析,黄蜡石山料往往与萤石共生,而且储藏量相当大。仅保安镇一个村,近两年就有上千吨山料产出,其中几百吨精品已被各地藏家和石友收购。

山料玉化程度高,色彩丰富,有黄色、红色、灰色、白色、绿色、青色、紫色、黑色等颜色,十分艳丽,是俏色雕琢的好料石。(图3-7、图3-8)

山料外表貌不惊人,经常被铁锈、泥土等污垢包裹,让人观看不到内部的玉质。它外形没有规矩,多呈棱角块状,块度大小不一。体量大的山料可上百公斤,可雕大型山子摆件。

上等的山料色泽纯正,颗粒细腻,玉化好,无绺裂,少杂质,不易起棉。

山流水料

指原生矿石因地质作用而散落在山沟溪坑或河床浅表处,由重力和流水将其自然搬运到远离矿点的地方。山流水料外形不规矩,表面较平滑,棱角稍有磨圆,但磨圆度不高。它长期暴露在山体或河床表面,经过日晒雨淋水冲,接受日月之精华,浸染和氧化转色作用充分。它结构细腻致密,颗粒细微均匀,透明

图3-7　绿色山料
石种:山料　尺寸:12×10×8　出产地:保安
收藏人:徐祥水

图3-8　红色山料
石种:山料　尺寸:16×12×5　出产地:保安
收藏人:徐祥水

度好,色彩浓郁,稳定性较好,不仅是优秀的料石,还是千姿百态的黄蜡石观赏材料。(图3-9)衢江上中游及支流河段出产的山流水料,具有单个体量大,表层氧化充分,色彩纯正的特点,而且温润灵透,水色相融,质地相对稳定,兼有子料的质地和山料的体量,是比较理想的雕琢料石。衢江主要支流江山港、乌溪江出产的"山皮蜡"就属山流水料,是优秀的观赏类黄蜡石品种。(图3-10)

子料

子料又称为子玉,主产于衢江的中、下游河段,是原生矿石被流水自然搬运到河流中,经过长时间、长距离的河流作用,形成次圆形、扁圆形状态,而且收边完整、表面光滑。

衢州地区降雨丰富,河流落差较大,汛期洪水汹涌,黄蜡石子料反复被急流、沙石抛磨,把与黄蜡石共生的其他物质抛除,留住了水玉的精华。子料长年被水浸泡,饱受高价铁离子的浸杂和水分子的滋润,得到充分的自然优化。

图3-9 "鸟瞰图"
石种:细蜡 尺寸:22×16×6 出产地:保安
收藏人:方金根

图3-10 古竹遗风
石种:山皮蜡 尺寸:35×26×14
出产地:江山港 收藏人:丁长荣

衢州出产的黄蜡石子料,手感细腻,色泽温润,水洗度高,玉质优良,业内评价为"翡翠般晶莹、田黄般艳丽、和田玉般温润",是全国黄蜡石中的上品。它既是上等的玉雕材料,又可直接当观赏石摆设或把玩。因为精品子料非常稀少,所以具有极高的收藏价值。(图3-11—图3-13)

子料一般呈次圆状或偏圆状存在,也有长条形、三角状。直径在5—15厘米之间,大型子料的长度可超过30厘米,十分罕见,配上底座就是一

图3-11　圆满
石种:胶蜡　尺寸:12×11×4　出产地:衢江
收藏人:叶凡

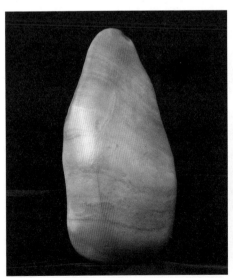

图3-12　帆
石种:胶蜡　尺寸:25×13×4.5　出产地:信江
收藏人:徐国庆

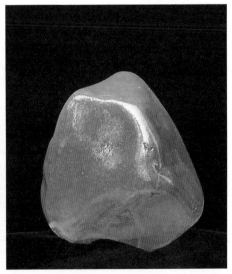

图3-13　子料之王
石种:胶蜡　尺寸:47×43×33　出产地:衢江
收藏人:方国华

方完美的观赏石。小于5厘米的子料，衢州人又称籽粒。依据籽粒大小和形状，可直接打孔串绳做挂件，也可包上金银做戒面或挂坠。虽然籽粒体型微小，重量仅以克计数，但因质地更温润、色泽更耐久，价格有时还要超过大块料石。

把玩料

子料中还有一种形态各异、石质欠玉化的小型卵石料，衢州石皮习惯称，把玩料，是指黄蜡石子料和山流水料中体量更小、适合在手中把玩、不一定玉化的各种形状的黄蜡石原石。它是黄蜡石从山料、山流水料到子料之后，发育最成熟的料石。

把玩料以水冲小子料为多，小子料温润细腻，通透晶莹，水洗度好，手感极佳，是把玩料最为理想的品种。除小子料外，山流水料中一些小料也可以作为把玩料赏玩。

把玩料首先要选择玉化好的质地，水色兼备，玉质越好价值越高。把玩料外形一般为卵石状，以饱满圆润为佳。另外，那些外形各异的象形石和图文画面石，质、色、形、纹好的也是珍品，是可遇不可求的。(图3-14—图3-30)

把玩料尺寸一般长8—9厘米，宽4—5厘米，厚2—3厘米，因各人的手掌大小及喜好而略有不同，选择手感好的即可。古人云："君子无故，玉不离身。"把玩料可以随身携带，随时取出赏玩，所以深得人们的喜爱。

总之，不论是哪种产出状态，黄蜡石的山料、山流水料、子料、把玩料都来源于原生矿料。虽然各种料石都有自己的特性和用途，各有优势和缺欠，但由于水和时间的优化作用，我们认为在同一石质的前提下，子料和把玩料的稳定性、温润度最好，山流水和山料则依序次之。

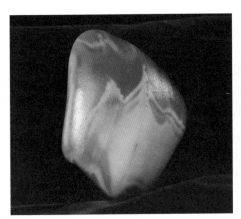

图3-14　红枫
石种：胶蜡　尺寸：6×5×1.8　出产地：衢江
收藏人：方国华

图3-15　花旦
石种：细蜡　尺寸：17×12×7　出产地：信江
作者：杨爱精　收藏人：洪国士

图3-16　寿星
石种：胶蜡　尺寸：11×6×4　出产地：衢江
收藏人：张宝珍

图3-17　手镯
石种：胶蜡　出产地：衢江
作者：镇平工　收藏人：叶佳明

图3-18 龙虾
石种:把玩子料 出产地:衢江

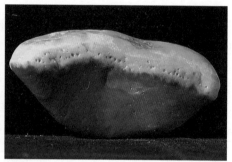

图3-19 香吻
石种:把玩子料 出产地:衢江

图3-20 甜点
石种:把玩子料 出产地:衢江

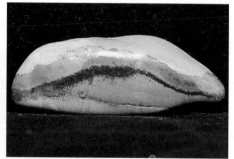

图3-21 柳叶
石种:把玩子料 出产地:衢江

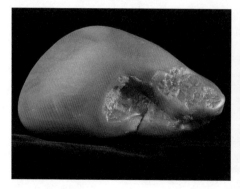

图3-22 红晕
石种:把玩子料 出产地:衢江

图3-23 佛缘
石种:把玩子料 尺寸:8.5×4.3×1.5
出产地:衢江

图3-24 仙鹤图
石种：彩蜡 尺寸：15×11×6 出产地：衢江 收藏人：王志平

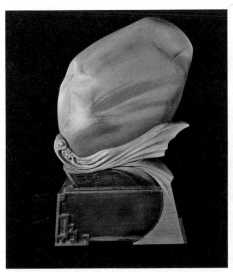

图3-25 火凤凰
石种：细蜡 尺寸：27×18×5 出产地：衢江
收藏人：毛建斌

图3-26 爱因斯坦
石种：细蜡 尺寸：20.2×16.5×9
出产地：衢江 收藏人：黄学科

图3-27　游鱼
石种：冻蜡　尺寸：20.2×16.5×9
出产地：衢江　收藏人：郑峰

图3-28　北极熊
石种：冻蜡　尺寸：23×15×12
出产地：江山港　收藏人：徐志宏

图3-29　水冲子料
石种：胶蜡　尺寸：13×6×4　出产地：衢江
收藏人：周美华

图3-30　人之初
石种：细蜡　尺寸：19×17×4　出产地：衢江
收藏人：孙德成

第四章　衢州黄蜡石的品种及应用

按照颗粒大小和二氧化硅纯度的不同,衢州黄蜡石可分为冻蜡、胶蜡、细蜡、粗蜡、梨皮蜡、晶蜡和山皮蜡等7个品种。除粗蜡质地粗糙、一般不具备欣赏价值外,其他品种都有自己鲜明的特色和应用领域。

第一节　冰清玉洁——冻蜡

冻蜡,有的地方又称"冰冻"或"廿里冻"。表皮光滑,常有"指甲纹"(隐晶质纹理),通体亚透明或半透明,透光度与玛瑙相近,摩氏硬度达到7度,与翡翠相当,是黄蜡石中最硬的品种。冻蜡密度也很高,质地极细腻,10倍放大镜下无颗粒感,大部分颗粒直径小于0.01毫米。颜色以淡黄色为主,也有少量带酒红色,十分珍贵。冻蜡中透明度最高的纯黄色料石,衢州人又称"黄冻",水头超过7分,与翡翠中的黄翡相当。还有个品种称"碧玉冻",水头可达6分以上。(图4-1、图4-2)

冻蜡原石有多种观赏价值。看石形,或浑圆敦厚,或"皱、瘦、透、漏",似人、似物,常常引发人们的联想。衢州石友一块红冻"老寿星",广东客商开口价就出30万!(图4-3)看石肤(皮)细腻黄嫩,浓淡相间,可与琥珀、田黄比美。还常伴有"指甲纹"、"鱼籽纹"、"金印纹"、"鸡爪纹"、"刀砍纹"、"发皮纹"等奇异纹理,让人难以琢磨。(图4-4—图4-8)

作为玉料,冻蜡可雕制传统玉雕的所有题材,但由于个体大的不多,一般

图4-1 酒红色冻蜡
石种：冻蜡 尺寸：12×10×5 出产地：信江
收藏人：余小尾

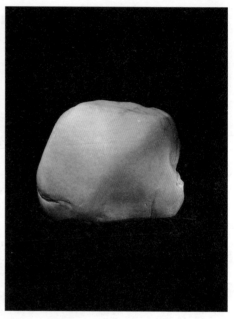

图4-2 "黄冰"
石种：冻蜡 尺寸：12×9×7 出产地：信江
收藏人：余小尾

图4-3 1500克极品
石种：胶蜡 尺寸：13×10×5 出产地：衢江
收藏人：叶帆

图4-4 "西瓜红"
石种：冻蜡 尺寸：20×14.6×10
出产地：衢江 收藏人：方国华

图4-5　"金印纹"(烙印)
石种：冻蜡　尺寸：20×16×5　出产地：衢江
收藏人：毛汛波

图4-6　"鸡爪纹"
石种：冻蜡　尺寸：12×8×3　出产地：衢江

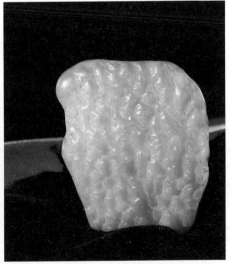

图4-7　"刀砍纹"
石种：冻蜡　尺寸：10×7×3.2
出产地：衢江

图4-8　"发皮纹"
石种：冻蜡　尺寸：17×12×5.5　出产地：衢江
收藏人：林锦忠

用来做摆件、挂件、饰品和手把件，抛光后晶莹剔透有翡翠般的珠光宝气。优质冻蜡是黄玉中的精品，价位也最高。但正是因为硬度特别高，容易产生裂纹和棉絮，所以市场上的冻蜡常有裂纹和杂质，故有"十冻九裂"和"十冻九棉"说法，罕见有千克以上的完整的大块玉料。

第二节　温情脉脉——胶蜡

胶蜡（又称细蜡冻），表皮没有冻蜡光滑，但细腻、平整、少有裂纹，透明度不及冻蜡，呈微透至半透明，上好的胶蜡用手电贴着石面照看，边缘光晕宽度可超过2厘米，玉化程度高，是黄玉中的上品。摩氏硬度在6度左右，与和田玉相当。胶蜡色彩特别丰富，有各种黄色，还有黄飘红、黄包黑、黄包灰、黄皮白心等。胶蜡的密度和颗粒大小与冻蜡差不多，百分之六十以上的颗粒小于0.01毫米。玉质细致温润，尤其是1千克以下的子料，油性足，水头好，糯感强。胶蜡又可细分为"细蜡冻"和"磨砂冻"（江西称），两者内在质地相差不大，区别在于"细蜡冻"更细腻温润，颜色更浓，"磨砂冻"则石肤气孔稍大，但水头更好。

胶蜡原石中多有观赏名石，其实有些胶蜡子料本身就是形、质、色、纹、韵齐备的精品观赏石（图4-10、图4-11）。

胶蜡与冻蜡一样都是最优质的玉雕材料。在衢州，胶蜡的总产量肯定比冻蜡多，单体的块型和重量也比冻蜡大。胶蜡制作的山子、人物、手把件、挂件和饰品，可与和田玉媲美（图4-12）。用于印章也绝不逊色于"印帝"田黄。专家普遍认为，衢州胶蜡是全国同类黄蜡石中质量最好的。在2014年北京博观拍卖会上，衢州石友送拍的"凤凰传奇"（重48克）以3.8万元价格成交，价位甚至超过了和田玉。（图4-13）只是现在市场上很少有精品胶蜡面市。普通胶蜡又分为几个档次，千克价格幅度在一两千元之间。选购时要注意质量，不贪便宜，货比三家，以色泽、质地、纯净三项指标去鉴评。不能仅看局部，要防止砂线、石根和杂质深入到石体内部。

图4-9　"蜂窝纹"
石种:冻蜡　尺寸:15×12×8　出产地:衢江
收藏人:徐起钧

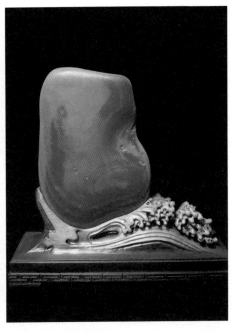

图4-10　"一苇渡江"
石种:胶蜡　尺寸:19×13×2　出产地:衢江
收藏人:程荣华

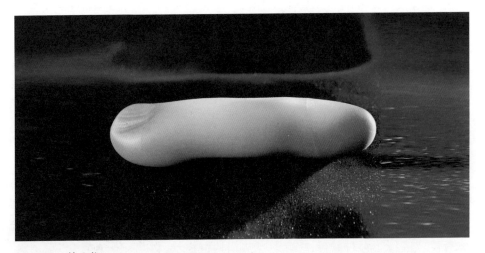

图4-11　仙人指
石种:冻蜡　尺寸:8.2×1.8×1.3　出产地:衢江　收藏人:寿勤力

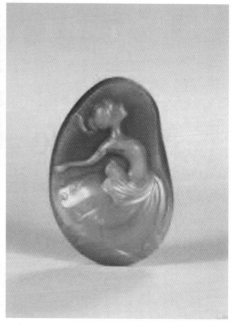

图4-12 红丝牌
石种：胶蜡 尺寸：5.5×4×0.8 出产地：衢江
收藏人：郑峰

图4-13 "凤凰传奇"
石种：胶蜡 出产地：衢江 作者：罗光明
收藏人：韩建勇

第三节 素颜大美——细蜡

细蜡，不透光或微透光，石肤手感仍然细滑，颜色以黄居多，少有暗红色，整体性好，石质细腻均匀。肉眼观察质地细腻，放大镜下没有明显的颗粒感，百分之六十的颗粒小于0.03毫米。与冻蜡、胶蜡相比，细蜡石体更大，常有几十千克的个头，最大的可以超过100千克。石形完整、石色黄艳、石肤细腻的细蜡有素颜大美的气质，是不可多得的黄蜡石观赏石（图4-14）。细蜡中还有一种彩蜡，石肤特别细腻，手玩的感觉就像婴儿的皮肤。基本不透光，但同一块石体有黄、红、绿等多种颜色，多呈带状或斑块混搭状，既可用于观赏，也可俏雕（图4-15）。作为料石的细蜡要求形好、色艳、微有玉化，常用浮雕、薄意雕等技法,适合制作山子、器皿、印章和文玩用品等品种。在2012年义乌国际旅游产品博览会上,衢州"敦本堂"工作室选送的文玩用品"手把砚",就赢得众多行家的好评。

　　细蜡中还有一个品种称"绿皮冻",石皮光滑,呈黄绿色,玉化不及胶蜡,微透光,摩氏硬度6.5度左右,但皮色与肉色变化较大,肉色有黄、有暗红(棕)。玉质差异性大,好的纯净质密,但很少见。多数有棉点和杂质,很难设计和取料。有经验的雕工可因材施艺,用浅浮雕或薄意雕做山子,只雕第一层(表皮)和第二层(几毫米),利用不同的色泽和质感营造山水景色。由于玉化不够,细蜡不宜做饰品和挂件。目前衢州市场细蜡货源较多,价位也不高。要选择石质细腻、色泽一致、油性好的,不买粗糙、有砂线砂眼的。

图4-14　"狗首"
石种:细蜡　尺寸:21×15×8
出产地:衢江　收藏人:郭辉

图4-15　"西施浣纱"
石种:细蜡　尺寸:24×16×7　出产地:衢江
收藏人:寿勤力

第四节　靓丽缤纷——彩蜡

彩蜡,又称三彩石或彩陶石,石质致密不透光,整体水洗度比细蜡高,多呈不规则的子料状存在。石肤光洁细润有包浆,手抚感触就像婴儿的皮肤。最大特色是在同一块石体上有鲜艳的黄、红、绿等多种颜色,并呈线状、带状或斑块图案混搭状,常叫人有眼前一亮的感觉。个体一般重2千—3千克,大的有10多千克。(图4-16)

衢江彩蜡分布较广,从上游的后溪、廿里,到中下游的安仁、龙游、湖镇等河段都有产出。上游的彩蜡,石型较大,色带较宽泛,石肤近似细蜡。下游的彩蜡又称彩陶石,容易出画面,还有完整的包浆。由于彩蜡一般位于深水区河床的中下层,采挖难度相对较大,资源获取来之不易,属黄蜡石中的珍稀品种。

彩蜡是优质的观赏石,她不仅具备了"质、色、形、纹、韵"诸要素,而且突出

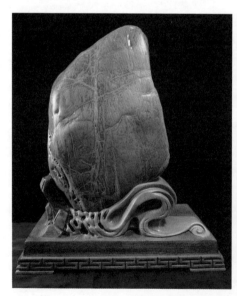 

图4-16　三山六水
石种:彩蜡　尺寸:26×20×12　出产地:衢江
收藏人:叶林

图4-17　"韵"
石种:彩蜡　尺寸:20×15　出产地:衢江
收藏人:方国华

表现在画面的奇美。通过简洁鲜明的点、线、面结构变化,优质的彩蜡可凭借黄、红、绿三色,染化成多层次的浓淡韵律,营造出浑然天成的国画意境,给人以心灵的叩击与震撼(图4-17)。把精品彩蜡放入厅堂,她靓丽端庄,艳而不俗;置于案头,她精巧别致,赏心悦目;把玩在手,她细腻润滑,抚慰入微。衢州石友谢永华就对彩蜡情有独钟,他玩石十年,藏石上千,其中彩蜡就有600多块。他是这样描述彩蜡的:当石头爱上衢州,会忍不住悄悄地将她记在心里、印在身上。黄色的大地,红色的朝霞,绿色的环境,多情的石头哪舍得放过!人们欣赏彩蜡,其实就是在欣赏衢州。只有衢州的山水,才能孕育出如此绚丽的石头。

第五节　婀娜多姿——晶蜡

晶蜡是衢州黄蜡石中很有特点的品种,是专用于观赏的黄蜡石。它石质较其他蜡石要粗糙,结构呈不均匀的结晶体,一般纹路或图形有竹叶状、稻草纹、葡萄状等,晶蜡具有造型石特有的"瘦、漏、皱、透"形态,石肤表面凹凸不平,纹路交叉,筋骨裸露,洞坑交错,有很强的观赏性(图4-18—图4-21),但晶

图4-18　"希望之星"
石种:晶蜡　尺寸:32×28×12　出产地:衢江
收藏人:徐国庆

图4-19　"黑晶蜡"
石种:晶蜡　尺寸:26×26×10　出产地:衢江
收藏人:方金根

图4-20　金鱼
石种:晶蜡　尺寸:13×8×4　出产地:信江
收藏人:程荣华

图4-21　寿龟
石种:晶蜡　尺寸:34×22×14　出产地:衢江
收藏人:王家奇

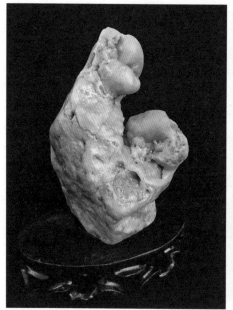

图4-22　母爱
石种:晶蜡　尺寸:28×16×16　出产地:衢江
收藏人:谢晓明

图4-23　"竹苑深深"
石种:紫晶蜡　尺寸:22×13×6
出产地:衢江　收藏人:徐国庆

蜡最诱人的还是表面黄亮，有明显的蜡质感，以色泽的蜡质感取胜，如果有紫红色融入其中，那更是精品中的精品（图4-22、图4-23）。

晶蜡收藏要注意两点：其一，晶蜡有粗、细之分，收藏应以细晶蜡为主，粗晶蜡结构疏松，石英颗粒粗，离水质就发干、发白、没有蜡质感，时间长了颜色要发暗，不宜高价收藏。其二，要注意光整无缺。由于晶蜡结构比其他蜡石疏松，在采挖、搬运过程中容易破损，购买时要细心观察抚摸，要知道在观赏石的价格体系中，有破损后经人工打磨的与天然圆满的是有天壤之别的！

第六节　如梦如幻——梨皮蜡

如梦如幻——梨皮蜡，这是衢州特有的黄蜡石品种，以表皮及内质都有梨皮状小斑点为主要特征，仅出产于衢江中游的安仁、龙游河段。梨皮冻，个体较大，从几千克到几十千克都有，水洗度良好，多数呈扁圆形、亚圆形子料存在。表皮没有冻蜡、胶蜡光滑，但也有细蜡般平坦，摩氏硬度在5.5°—6°，透明度在不透至微透之间。

梨皮冻有红、黑、褐等多种颜色，以黑点青灰底、褐点青黄底居多。红梨皮呈红点黄底，十分彩气，既可做观赏石，又可做料石。（图4-24、图4-25）衢州人

图4-24　红梨皮
石种：梨皮蜡　出产地：衢江　收藏人：邵新民

图4-25　黑梨皮
石种：梨皮蜡　出产地：衢江　收藏人：邵新民

对梨皮蜡有一个认识过程,初始是作子料观赏,但由于常有裂痕,售价不高。玉雕业发展以后,尤其是2012年以来,有石友用黑点青底梨皮石雕成甲鱼、青蛙等摆件,竟然栩栩如生,几乎以假乱真了!近年又有人用红梨皮雕成龙虾,制作成仿紫砂茶具等,竟有如梦如幻、古色古香味道,颇受消费者青睐,市场价位也随之开高。(图4-26)

4-26 褐梨皮

石种:梨皮蜡　出产地:衢江　收藏人:邵新民

第七节　巧夺天工——山皮蜡

山皮蜡主产于衢江大支流江山港的江山市上余镇至衢江区的廿里街之间的二十公里河段。山皮蜡以山流水状态存在,形状个体硕大,一般几十千克甚至上百千克以上,主要特征是表皮有明显的蜡质感和包浆,基本不透明,有黄绿、青黑、灰黑等多种颜色。各种形状的山皮蜡可用于观赏,有的像名山,有的像动物,还有一块天然的山流水料取名"农家腊肉",层次分明的石纹,配上油光闪亮蜡质感极强的石皮,真让人骤生食欲。潘国忠的藏品"太行山上"是他早年从河滩上淘到的。王攸云收藏的"龙首"则确有腾云驾雾活灵活现的动感。大小适当,收边圆满的山皮蜡,除了观赏,还可用作水石书画镌刻。衢州市民间工艺大师张汉彪(水石书画镌刻创始人),用江山江出产的山皮蜡创作的借原石饱满之鸟型,书庄子《逍遥游》两百文字,镌刻后上金,独特的韵味获得专家和社会的认可,在2014年中国(浙江)工艺美术博览会上获金奖。(图4-27、图4-28)

图4-27　招财进宝
石种：山皮蜡　尺寸：28×26×12
出产地：江山港　收藏人：方金根

图4-28　"锟鹏神姿"
石种：山皮蜡　尺寸：30×24　出产地：江山港
作者：张汉彪　收藏人：张汉彪

第五章　衢州黄蜡石的欣赏

第一节　赏石讲文化

赏石，通常指的是人们对观赏石、宝玉石的欣赏。与茶文化、酒文化、食文化等文化不同的是，观赏石本身并不像茶、酒、食等那样能给人以物质实惠，赏石文化给予人更多的应该是精神层面的享受。浙江省观赏石协会一贯提倡"文化赏石、过程赏石、快乐赏石"的理念。绍兴、嵊州等地石友也把"赏石赏文化，藏石藏修养"作为当地石文化的特征，这是很有道理的。当人们的思想境界、文化水准，随着赏石阅历不断丰富而逐渐得到提升与改善时，我们发现，赏石的效应，已经超出石的本身，文化始终贯穿赏石的全过程。赏石活动，应该是一项远离利益驱动、权力之争的文化活动。赏石，实质上是文化的修炼，文化当是赏石之本。观石并为其"貌"所倾倒，更深层次的，当指人们在对石"貌"由浅入深的解读中，激发起情感与想象，并从其意境中受到启发，激发起蓬勃向上的正能量。

赏石文化的载体是观赏石和宝玉石，石的形之韵、韵之神，与人为书画的形、韵、神有过之而无不及。人们欣赏石头的过程，与阅读、体味诗文书画之过程如出一辙，赏石文化，实属天人合一的文化，既是大自然对人类的恩赐，又是人催生情感与想象之物。赏石文化，是一种与诗文书画艺术交相辉映、相互融合、互为补充的一种人文艺术。《红楼梦》、《西游记》就是以石头为引子展开叙述的；女娲补天、精卫填海的神话故事，也反映了从古到今广为流传的、人与石密不可分的文化渊源。在一定程度上反映赏石文化是一种与传统诗文书画艺术相通的雅文化范畴。这就要求赏石者不仅需要有相当的生活阅历与人生体验。还应具有历史、文化、哲学、民族、艺术等多学科的知识。

有什么样的赏石观，就有什么样的赏石风尚和赏石趣味。宋代苏轼崇尚"石文而丑"的赏石理念，米芾则提出"瘦、皱、漏、透"的相石法，于是便引领了近千年的太湖石、灵璧石文化的发展。如今，人们推崇"形、质、色、纹、韵"的赏石新理念，于是重形态、重质色、重意境的黄蜡石、戈壁石便风靡全国。"瘦、皱、漏、透"因奇入美，"形、质、色、纹"由韵成味，两者都对赏玩对象进行高度的概括，值得我们尊重和学习。

在当代丰富的赏石文化中，有自然赏石观、艺术赏石观、文化赏石观、科学赏石观、价值赏石观等，人对奇石意境解读水准的高低，与赏石者的生活阅历、文化程度、专业知识、思想境界、表达能力等密切相关。奇石意境的不确定性，为奇石意境的解读，预留了很大的延伸与拓展的空间。台山玉石协会创始人凌文龙和赏石名家黎纯能、朱国庭都认为，人有人性人品，石有石性石品，人性与石性相通的，人们可以用真善美的人生观去规范自己的赏石行为。那么，联系衢州黄蜡石的石性石品，我们就应该倡导真善美的赏石观。

真善美赏石观是指在赏石活动中，以追求黄蜡石及人性的真善美为目标的思想理念。真善美赏石观是真的赏石观、善的赏石观、美的赏石观的简称。

追求黄蜡石的"真"，有两层含义。一是指黄蜡石确是原石，是没有人为因素的自然之物。就是赏石而言，石的真与假意义重大。一旦石头观赏失真，就等于失去了天然性和自然美，天然奇石也就是沦为工艺石、打磨石、造假石。而且，黄蜡石作为天然的艺术品，与字画、雕塑等主流艺术品比较，最大的特点和优势就是天然性、稀有性、不可再生性、不可复制性。如果丧失这些特点和优势，其观赏价值、艺术价值、科学价值、经济价值将会荡然无存，赏石也就失去其存在的意义。二是指人们对黄蜡石本质本色的追求，对它组成、结构、化学成分、物理特性的认识，质、色、形、纹的理解和运用，都是客观真实、恰如其分的。在这里，真是赏石的前提条件，而鉴真、求真、去伪存真是人们赏石的必修课。衢州市场过去、现在没有假黄蜡石，今后也不应该有造假的黄蜡石。我们还要树立科学精神，勇于探本求源，揭示黄蜡石的自然奥秘，做科学利用、合理开发黄蜡石的有心人，不做无知、盲从、蛮干的损石人。

追求黄蜡石的"善"，则有三层意思。一是指黄蜡石的无害之善。即黄蜡石本身的物质成分、化学性质和物理性质对人体无害，就是无毒、无污染、无超标的放射性。黄蜡石外表光滑，无棱无角，圆润有度，体量适度，有益于人的身心健康。二是指黄蜡石的品格之善。也就是石头的颜色、画面、造型、意境所表达出的主题思想是健康向上、雅致文明的，是符合传统伦理道德观念，符合时代精神风貌，能够启迪人性向善，而不是低级、庸俗至于下流。三是这个善还应体现人性之善，它代表赏石者的道德，关系到文明赏石、和谐赏石。要讲"石德"，具体到赏石行为就是：以人为本，与人为善，不欺诈，不误导，真诚交流，公平交易。这是赏石活动最根本的要求。赏石者首先要加强自身道德品质的修养，不断提升自己的赏石品位。赏石时要多从积极、正面的角度去鉴赏、品读，从文明、雅趣的角度发现美的东西，在命名与赏析上做到以雅赋文、雅俗共赏。

追求黄蜡石的"美"，主要是指由于黄蜡石的质、色、形、纹等自然特性对人的感觉器官的刺激，从而给人造成的主观美感。对于黄蜡石的美，中国宝石行业协会荣誉副会长、香港宝石学协会副会长欧阳秋眉是这样表述的："它有如翡翠般的细密而坚结极强的反光度；有如田黄与鸡血石般的色彩、和田玉般的滋润；特别是其浓郁正阳而丰富的色彩，是我从来没见过的。"的确，在我国五大名玉、四大国石及数百个观赏石品种中，衢州黄蜡石都是出类拔萃、独树一帜的。美是观赏石特性中的核心要素，最能体现观赏石的观赏价值、艺术价值、收藏价值、经济价值。一块黄蜡石，如果不美，它也就失去了欣赏的意义。人性之美是指赏石者的心灵、行为、语言之美。黄蜡石的美，可以通过鉴评标准来评定,人性的美只能依靠道德标准来衡量。要获得石之大美,人就要不断学习,提升赏石品味,进而达到石、人共美的境界。

真善美赏石观以追求真善美为目标,具有鲜明的时代特征与精神,是绿色环保的、可持续发展的赏石观。真善美的赏石理念,科学实用,自成体系。它既追求石品的真善美,也追求人品的真善美,有显著的文化传承性,符合中国传统文化"玉有九德,君子比德于玉"和衢州南孔文化弘扬儒学、传承礼治等思想,符合衢州市委、市政府倡导的做最美衢州人的时代精神。值得每一个赏石者认真思考,并付之于实践。

第二节　欣赏有方法

欣赏黄蜡石应与传统的赏石文化一脉相承。综合古代"瘦、漏、皱、透"和当代"质、色、形、纹、韵"的标准,我国赏石名家陈君、王沛等人提出的赏石"四部曲"和"眼观、手抚、心悟、笔录"赏石法,就是适用于黄蜡石欣赏的科学方法。按照一般程式,赏石可以四步走:

第一步是观察外貌。通过人的手、眼、脑等,引起触觉、视觉和感觉,观察黄蜡石外形,包括品种、质地、色泽、形态、纹理等外在的表现,获得直观的第一印象。

质地。由于原矿质量和受水的作用程度不同,黄蜡石的质感也不同。欣赏时主要把握好三点:一是结构致密,石质均匀。二是温润细腻,玉质感好。三是少有裂痕和杂质。(图5-1)

色泽。一是鲜艳浓正,有强烈的视觉冲击力。二是光泽度好,晶莹剔透,有浓厚的蜡质感,三是图纹色差大,对比强烈,特别是俏色搭配巧妙,给人耳目一新的感觉。(图5-2)

形态。黄蜡石的形态丰富,既有造型石,也有画面图纹石,总体要求:一是石体本身要完整无缺,水洗度好,没有崩、损、残、缺的情况,且外形感觉很舒

服。二是画面图案要清晰、完整。不论是具象石还是抽象石，不能牵强附会，要有多数人的共识。(图5-3)

　　纹理。讲究纹理清晰有层次感，画面协调具有艺术感。好的黄蜡石线条流畅，节奏明快，清新自然，能形成一定的韵律。纹理错落有致，疏密得当，形成各种精美图案，给人以艺术的美感。(图5-4)

图5-1　耄耋
石种：细腻　尺寸：27×18×14　出产地：衢江
收藏人：潘国忠

图5-2　经典黄蜡
石种：冻蜡　尺寸：30×22×9　出产地：信江
收藏人：叶帆

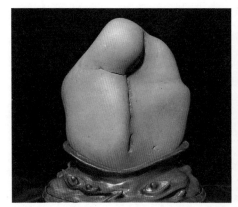

图5-3　情侣
石种：细蜡　尺寸：18×16.5×7　出产地：衢江
收藏人：叶帆

图5-4　脸谱
石种：细蜡　尺寸：25×20×5.5　出产地：衢江
收藏人：金小凡

　　第二步是品读韵味。就是欣赏黄蜡石形态和构图的意境和韵味,感受其生态自然、耐人寻味的境界,把握其内在的品质。

　　品读韵味需要具备一定的文化功力。需要注意几个方面:一是看画面是否形象生动。对于黄蜡石画面的"象形状物",赏石者多半用熟悉的"物象"加以对照。但是否形象,而要取得众人的共识。生动方面,虽然石体本身没有生命,但"状物"达到一定的逼真程度,观赏者就有一种新奇感,而且越逼真越感觉生动,甚至觉得活灵活现(图5-5)。二是看构图是否巧妙。好的黄蜡石,往往结构安排巧妙,各部分比例合理,就像画家构思一幅画一样,生动再现生活中的人或物。同时,好的黄蜡石构图也很完整,就像石体外形一样,不多不少,不缺不残(图5-6)。三是看画面"写意"是否很美。好的黄蜡石,就像中国写意画,看似简单,但笔简意远,神形兼备,以形传神,表现出一种超脱的审美境

图5-5 福娃戏莲
石种:晶蜡 尺寸:16×12×12 出产地:衢江 收藏人:金跃兰

图5-6　肾宝
石种：细蜡　尺寸：13×7×3.5
出产地：信江　收藏人：许诺

图5-7　参禅
石种：胶蜡　尺寸：26×12×5　出产地：衢江
收藏人：方伟

界。四是看图像是否有独到的意韵。具象类黄蜡石要求赏其貌，察其形，品其韵。抽象类石头要求含蓄，赏其韵，即使不能以形传神，也要貌示韵。这时如果赏石者用心观察，投情于石，寓情于景，情景交融，就能真正感受其中的艺术魅力。五是看画面有无"动感"。好的画面石也一样，动则活，活则灵，灵则神，神则"勾魂"，能拨动观赏者好奇的心弦。（图5-7）

第三步是寻找亮点。是用独到的眼光去寻找黄蜡石最具个性、最别致的地方，从而与普通观赏石相区别。

欣赏一方黄蜡石，你必须知道它好在哪里，要把握它的与众不同。比如画面石，在观察外貌、品读韵味的基础上，进行再揭示、再挖掘。寻找亮点需要有"慧眼"，不仅能看懂画面，而且能看到别人看不到的东西，要观察人物的表情和动作，是否反映出人物的内心世界、个性特征等（图5-8）。又比如文字类黄蜡石，为什么现在大多数文字石很难给人留下深刻印象，就是因为只有形而没有神。我们不应强求文字石的笔画与某字一点不差，而是要看这

图5-8　指日高升
石种：细蜡　尺寸：31×24×10　出产地：衢江
收藏人：周文龙

图5-9　一叶清沁
石种：细蜡　尺寸：25×21×12　出产地：衢江
收藏人：丁长荣

个文字属于什么字体，像哪位书法名家的风格，整体布局或哪一笔特别有韵。往往就是这一笔，才是这块文字石最闪亮的地方。实际上，现实中像这样的文字石凤毛麟角。（图5-9）

　　第四步是感悟本质。就是感悟黄蜡石所揭示的人物或事物本质性的深层次的东西，这是欣赏的最高境界。各种文化艺术形式都讲究要有"灵魂"，这就是"美"的核心所在，黄蜡石的欣赏也是这样。对黄蜡石的感悟体现在以下三个方面：首先是能唤起人们对宇宙和自然的敬畏。黄蜡石的生成，远远早于人类，能使人联想冥冥时空的存在。欣赏石品，主要看其能否使人情由景生，启悟心灵，产生联想，从石中体悟到悠远脱俗，纯正无瑕，灵魂净化的意韵。其次是能让人有一种精神的感染。古代赏石名家，晚清大臣赵尔丰曾说："石体坚贞，也不以柔美悦人。孤高介节,君子也,吾将以为师。石性沉静,不随波逐流,然和之温润纯粹,良士也,吾乐与为友。"人们在评价黄蜡石时,能给人激励,给人启迪,给人智慧。第三,能使人大彻大悟。可以说,凡是世界上存在的人和物,在石头里几乎都能找到对应物。对于尘世间想不明白的事,赏石能让你拨云见日,茅塞顿开(图5-10)。看淡别人拥有而我没有的,珍视别人没有而我独有的,这是多么洒脱开心的事情啊。

其实,观察外貌,品读意味,寻找亮点,感悟本质这四个步骤,既是一个层层推进的赏石方法,又是一个持续不断的实践认识过程。在这个过程中,人们不仅可以坐而论道,各叙己见,而且应该笔耕不已,总结提高,还可以运用诗、书、印、画等手段,大胆融合各种文艺形式,共同传承创造中华文化的新篇章。

图5-10 生命之源
石种:晶蜡 尺寸:14×14×6 9×5×3 出产地:衢江
收藏人:叶宏

第三节　原石欣赏

欣赏衢州黄蜡石是十分惬意的事。可分料石(适合雕刻的玉料)和观赏石(既可观赏,又可雕刻,以观赏为主的原石)两大类,都是原生态的,每一块都有自己独特的长相。欣赏黄蜡石观赏石是高尚的艺术审美活动。观赏石能美化人们的生活,陶冶人们的情操。黄蜡石强调其独特的质地、色泽、形态、纹理和韵味。观赏石之所以既雅又趣,深受民间玩石者的钟爱,主要在于观赏石的美和深远的意境。观赏石除了质、色、形、纹外,还表现为艺术美和抽象美。黄蜡石之美大致分为石质美、色彩美、形态美、神韵美四种,又以神韵美为核心。观察和研究黄蜡石要具有艺术修养和地质、地矿、地理学知识,还需要渊博的历史知识和大胆丰富的想象力,可以说是一门"发现的艺术"。

一、料石欣赏"六要素"

1. 颜色

颜色最能引起人的注意,是视觉的第一感受。颜色的美丽与否对黄蜡石的美感和价值影响最大,是鉴评黄蜡石玉质最重要的因素。珠宝界将玉的颜色分为正色和偏色两大类。黄蜡石以黄、红色为贵。其他白、灰、黑、紫、绿、青等色没有优劣之分,能够量材适用就好。颜色及颜色的纯正度、均匀度、浓淡程度、色泽正否(也就是阳、匀、浓、正)来鉴评:"阳"是指色泽鲜明,给人以开朗、无郁结之感。"匀"是指均匀。"浓"是指颜色比较浓郁。"正"是指纯正,不能偏色。

2. 质地

黄蜡石要求结构细腻致密,粒度微细均匀、直径小于0.01毫米,没有裂绺和杂质,质地就好;而石质地疏松,粒度粗细不均,有裂绺,多杂质,质地就差。黄蜡石颗粒度大于0.05毫米,会直接影响到雕件的光泽度和温润度。

从外部判断料石的质地,可以从以下几方面来进行:一看"窗口"(新破口),根据黄蜡石外部表现,判断其内部质地和颜色。二看石肤(石皮),石肤平整光滑,体内玉质好;反之,玉质不好、赌性大。一块黄蜡石料,紧附皮的上层玉质最好,玉质要比下层均匀细腻,越往深处越容易起棉。三看水纹,纹路平整或排列规矩,说明质地干净均匀;纹路杂乱无章,很有可能起棉起杂。四看颜色,纯正鲜艳的肯定比杂乱阴暗的好。

3. 玉化透明度

透明度与对光的吸收多少有关,吸收的光越多,透明度越好。透明度也与玉质有关,玉质越细密,透明度就越高。透明度能增添或降低颜色的美感,颜色在透明度高的料石里能散开,映照成片。

根据黄蜡石透明度的不同,可分为亚透明、半透明、微透明、不透明四档。亚透明:大多数光线可以透过玉料,玉料内部特征清楚。半透明:部分光线可透过玉料,玉料内部特征较清楚。微透明:少量光线可透过玉料,玉料内部特征模糊不可辨。不透明:微量或无光线可以透过玉料,玉料内部特征不可见。

4. 净度

质量上乘的黄蜡石要求纯净无瑕。净度高的黄蜡石没有杂质、裂绺和其他缺点,包括阴暗的杂色、黑点、黑斑、白棉和污渍。净度越高,玉质越好。根据黄蜡石净度的不同,可分为纯净、较纯净、半纯净、不纯净四档。纯净:基本不含杂质、瑕疵,用肉眼看不到裂绺、白棉、黑点、砂眼等。较纯净:瑕疵、杂质极少,看不到明显的裂绺,杂质也不多。半纯净:含少量杂质瑕疵,肉眼可见少量裂绺、白棉或砂眼。不纯净:含一定量的杂质瑕疵,肉眼可见大量黑点、白棉、砂眼或黑灰等杂质。

5. 裂绺

黄蜡石的裂绺,会影响其玉质的好坏,裂绺越多,玉质越差。有裂绺的料石,势必影响雕件的设计和造型,所以哪怕其颜色、质地和玉化度再好,也会影响到它的价值。用光照方法能有效观察黄蜡石的裂绺状态。但要注意的是黄蜡石的料石多与石英共生,两者透明度相近,仅凭光照容易把黄蜡石与石英混淆。

6. 体量

从理论上说，在颜色、质地和玉化相同或相近的情况下，黄蜡石料石的体量越大，价值越高。但在现实生活中，真正颜色、质地和玉化都相同的料石是很少的，料石体量大，赌性也大。这里必须指出的是，任何玉种都不是仅仅以体量的大小来衡量其价值的。一块小小的优质子料，其价值可以远远高于体积比它大几倍而品质一般的料石。

总的来说，质地细腻，温润无瑕，颜色纯正，色彩浓郁，透明度高，没有杂质，有一定体量的黄蜡石，就是品质优秀的黄蜡石。品质越优秀，资源越稀少，黄蜡石料石的价值也就越高。

二、观赏石欣赏的"色、形、纹、座"

黄蜡石的观赏石更有情趣。一块玉质好的原石再兼有好的形、纹或画面，那可真是个宝。"石看六面"，从不同角度来认真搜索，反复琢磨，仔细推敲观察，寻找与石头形状、画面、色调有关的人物典故、神话传说、诗词、花草虫鸟、动植物以及现实生活中的词汇妙语，一个新的突然的发现可以使一块石头顿时身价百倍，再配上一个构思巧妙的底座，更能与奇石相映成趣，从而锦上添花。一块观赏类黄蜡石的发现、采集、题名、配架及收藏的全过程可以说是一种艺术创作过程。黄蜡石价值大小首先取决于独特的艺术价值，简言之：美是观赏石的灵魂。

衢州黄蜡石不仅品质好，而且品种也很多。从上游的江山大溪滩，到汇入兰江的横山脚下，200公里的衢江就出产上余、后溪的"廿里冻"、"山皮料"、"平板料"，樟潭、安仁的"细蜡"、"晶蜡"、"梨皮"，龙游、湖镇的"冻蜡"、"胶蜡"，游埠、罗埠、大园畈的"细蜡冻"和"彩陶"等。它们或橙黄鲜亮，或色彩斑斓，大者有名山大川称谓，进厅堂入雅室，小者亭亭玉立摆上案头，把玩在手，着实令人爱不释手。前年一位广东客商看中衢州石友一块"红冻寿星"，开口就出价30万元；还有一块3斤重的胶蜡"旺旺"(狗头)，因为石质细腻又具象生动，在衢州博物馆展出后，联系求购的电话一直不断。

衢州黄蜡石的颜色丰富多彩，以黄为主色，兼有红、白、灰、黑、绿等，它为玉雕师提供了广阔的想象空间和俏色雕刻的载体。黄色中又分为正黄(熟栗黄)、嫩黄(鸡油黄)、淡黄(糙米黄)等，以正黄为贵，如果黄中飘红更视为珍品。美术色谱学证明，黄色与人最亲近，最具亲和力。黄色又是皇室的专用颜色，龙袍就是黄色，象征着权利和威严。黄金也是黄色，是稳定和富贵的代名词。所以在国人眼里，黄色更易被人们接受，大家喜欢衢州黄蜡石是有文化和科学依据的。

观赏石特别讲究形象，似山水，似人物，似鸟兽，常能引起人们的不同联想。这一点与古代追求"瘦、皱、漏、透、丑"的玩石理念一致。衢州市场常见的"金印"、"竹叶"、玲珑剔透的"太湖石"(图5-11)、别有洞天的"烂柯山"(图5-12)等，都是依形而生的。笔者收藏的"十二生肖图"，由12块拳头大小的黄蜡石奇石组合而成，形象活泼，栩栩如生(图5-13—图5-16)。还有藏品"和谐"，是块1000克的冻蜡，它有圆满的造型和收边，天然的纹路形成两只大钳子，头上还有一对水灵灵的眼睛，活脱脱的一只大闸蟹。(图5-17)

欣赏黄蜡石还要注意纹理和画面(图5-18)。2010年，衢州市文联和弘明文化传播公司共同编印的第一本《衢州黄蜡石》画册中，就收有叶佳明

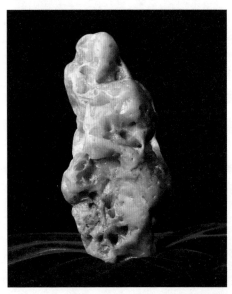

图5-11 太湖石
石种：冻蜡 尺寸：14×8×6 出产地：信江
收藏人：余小尾

图5-12 烂柯山
石种：细蜡 尺寸：28×22×16 出产地：衢江 收藏人：徐起钧

图5-13 虎
石种：冻蜡 尺寸：13×9×6 出产地：衢江
收藏人：金小凡

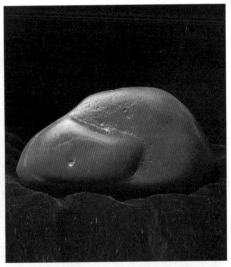

图5-14 兔
石种：细蜡 尺寸：10×7×4 出产地：信江
收藏人：金小凡

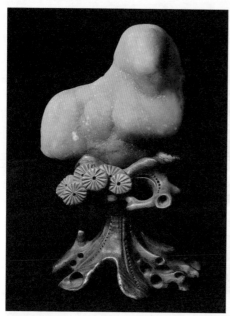 

图5-15　羊
石种：山皮蜡　尺寸：12×8×3　出产地：信江
收藏人：金小凡

图5-16　鸡
石种：细蜡　尺寸：13×12×8　出产地：衢江
收藏人：金小凡

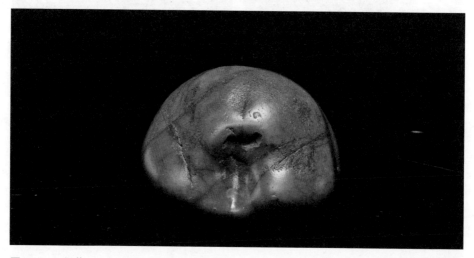

图5-17　和谐
石种：冻蜡　尺寸：12×9×5　出产地：信江　收藏人：叶帆

的《鸿运当头》、叶帆的《金鱼》。这两块20厘米的标准件不仅玉质一流，更可贵的是黄里透红的那片红色祥云，预示着事业的辉煌和家庭的祥和。徐建明的《秀》则运用了料石内在的优美的线条纹理，加上细腻至丝绸感的水洗度和流畅灵动的造型，给人特别舒畅的视觉效果（图5-19）。而陈洵勇的《农家腊肉》更是取自天然的山流水料，多层的石纹，配之石根和石皮，让人看了骤生食欲。（图5-20）

　　无论是料石还是观赏石，只要外形好，还应认真地配上底座，所谓好马配

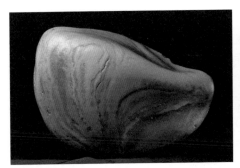

图5-18　金鱼
石种：胶蜡　尺寸：14×9×4　出产地：信江
收藏人：叶帆

图5-20　农家腊肉
石种：山皮蜡　尺寸：30×12×8　出产地：
江山港收藏人：陈洵勇

图5-19　秀
石种：细蜡　尺寸：17×17×5.5　出产地：衢江
收藏人：徐建明

图5-21 梅
石种：细蜡　尺寸：15×9×5　出产地：衢江
收藏人：金跃兰

好鞍。目前，衢州已有城南、城北、城中十几家底座创作工作室。城南吕刚勤工作室虽然距离市区有10公里，但依然顾客盈门，应接不暇（图5-21—图5-23）。吕刚勤认为，底座创作讲究"形、质、色、纹、工"，其中又以"形、纹、工"为最重要："形"可使玉石展现最佳的形象，"纹"可使底座最大限度发挥"绿叶"的作用，而"工"可提升作品的整体艺术性。

观赏石的命名，讲究艺术性、观赏性和科学性。赏石是对观赏石的内在特征以及它蕴含的深刻意境和内涵的

图5-22　混沌初开
石种：细蜡　尺寸：25×17×7　出产地：衢江
收藏人：徐月红

图5-23　金字塔
石种：晶蜡　尺寸：13×11×6　出产地：衢江
收藏人：毛建林

外在感知和反映。观赏者的文化艺术修养、阅历、渊博的知识、敏锐的观察力和丰富的想象力是观赏石命名的重要因素。

命名是衡量赏石者对奇石的鉴赏水平的标准之一，是赏石文化的最高形式。赏石过程是一种思维活动。命名者应身临其境，富于想象和联想。鉴赏的过程，是仁者见仁，智者见智。奇石是似像非像，具象抽象。意到才能悟出意境，产生灵感，读懂石文化内涵，突出奇石的特点、特征，赋予题名。对赏石者而言，则根据题名几内涵品评、鉴赏奇石，理解石文化的内涵。总之，赏石是一种创造，一种发现。好的命名常能使观赏者产生联想，使抽象变具象。

近几年衢州市和龙游、常山、开化等县举办了十多次大型的黄蜡石展览，累计已评出获奖精品上千件，仅衢州本地有一定实力的藏家就有几十位。衢州市博物馆专门开设了"衢州黄玉精品馆"，100多件精品长期免费供市民欣赏。

第四节　雕件欣赏

一、雕件欣赏"五要素"

面对一件精美的黄蜡石雕件作品，我们可以从以下五个方面来欣赏评价：

第一，欣赏它的料石质地。料石是工艺和设计的载体，既是"面子"，也是"里子"。料石质量与雕件的审美效果和经济价值直接相关。雕件作品首先要表现的是材料美。雕件的料石主要从"质、色、净"三方面来鉴评：质地以坚韧致密、细腻润滑，具有和田玉般温润为好；颜色以丰富鲜明、浓郁纯正，酷似田黄般灿烂为美；纯净度以晶莹剔透，具有翡翠般水灵为佳。（图5-24、图5-25）

第二，欣赏作品的设计造型。设计造型是雕件作品的灵魂。先看设计者是否读懂了石头，并尽最大可能做到材尽其用，要让料石的特点成为雕件的显著特征。同一块料石在不同人手上可做出不同的作品，这就取决于设计者的

图5-24 弥勒
石种：冻蜡 出产地：衢江 作者：侯晓锋
收藏人：韩建勇

图5-25 观音
石种：胶蜡 出产地：衢江 作者：范同生
收藏人：韩建勇

知识、经验和构思；二看雕件的章法布局，要有突出的主题和主体，还要处理好结构、造型的关系，做到聚散有度，疏密得体；三看结构比例，既要整体和部局结构比例的协调，又要注意艺术夸张的合理性；四看有无创新，只有不落俗套，才会给人眼前一亮的感觉。

第三，欣赏作品的雕琢工艺。雕琢工艺是表达作品内容和表现工艺魅力的主要环节，也是提升玉料价值的重要手段。欣赏黄蜡石作品的雕琢工艺，可概括成三个方面：一是欣赏工艺的严谨。雕琢工艺需要一丝不苟的治玉精神，要做到玉料处理得当、造型准确、细部自然、细工到位；二是欣赏工艺的精巧。要做到精雕细琢、一丝不苟；三是欣赏雕琢工艺的柔顺。要求作品圆润饱满，线条要顺利流畅。

第四，欣赏雕件的底座配置。底座是作品整体的重要组成部分。2009年中国观赏石协会制定的《观赏石鉴定标准》，就把配座作为鉴定观赏石的一项评分标准。底座的作用是固托主体，烘托主题。优秀的底座能让雕件以最佳的欣赏角度，紧密地固定在底座上，还能根据雕件的主题，雕刻与其配套的图纹，以延伸和增添雕件的神韵。底座与雕件同样要求精工细做，衢州就有"三分石头七分座"的说法。但是也不能喧宾夺主、过度包装，雕件是主角，底座是配角，配合到位即可。最要注意的是底座与雕件的结合部，一定要紧密对接，不留缝隙。

第五，欣赏作品的整体艺术效果。人们对雕件作品的欣赏是综合性的审美活动。从料石材料的天然之美、雕刻师的自身精神气质之美、章法布局的结构之美、工美设计的节奏力度之美、到传承创新的出奇之美，整个欣赏过程应该是欣赏者与作品的对话和互动，也是人们美学知识、艺术修养的综合体现。只有经常的实践，广泛的交流，深入的研究，才能不断提高自己的欣赏能力，从而得到美的享受。

二、历史和文化的评价

首先是历史印记，指的艺术风格是作品表现出来的相对稳定、内在深刻、形象突出地反映人的思想观念、审美理想、精神气质等内在特性的外部印记。不同时代的艺术风格反映独特时代面貌。如新石器时代雕件的神秘风格，商代雕件的礼制化风格，汉代雕件的雄浑豪放风格，辽、金时期雕件的民族化与地域化风格，明清雕件所具有的生活化与精品化风格。对于黄蜡石雕刻来说，既要继承并包容历史的精粹，也要体现时代的进步和风尚，更要展示黄蜡石古石新玉的独特风采。（图5-26）

图5-26 仿古龙
石种：胶蜡 出产地：衢江
作者：杨建发 收藏人：方向明

二是文艺韵味。俗雅共赏是衡量作品艺术风格的重要标准。一件作品如果仅仅满足于某中官能刺激，自然与艺术无缘。只有有益于人们的身心健康，使人的感情得到净化，思想境界提到提升的作品，才是风格高雅的艺术品。

在评价一件作品的艺术韵味时，人们常用"神韵"和"正气"两个词。"神韵"反映在作品的设计、构思乃至主题确立的个性上，表现在作品的灵气，内涵丰富，能给人留下无限的想象空间上；"正气"则表现为盲目求工、求巧、求具象，不肯在构思、立意上下大工夫，缺少了必需的艺术表现力，作品的艺术价值就难以提高。

三是工艺创新。黄蜡石雕刻虽然是近些年发展起来的新项目，但它是中华玉石文化的组成部分，是需要继承和发展的传统工艺美术。与传统玉雕工艺一样，黄蜡石雕刻不仅要继承传统，更要创新以求得发展。黄蜡石雕件上的创新，主要体现在对新材料、新工艺、新题材的创新。（图5-27）

根据黄蜡石石质不均匀（可能局部特别好）、皮肉色差大等特性，在用料的突破上，大胆采用细蜡、彩蜡、梨皮蜡和局部雕方法，不仅充分利用了石料，而且能够创造意想不到的效果。工艺的创新则体现在吸收其他雕刻的技法。比如浅浮雕、薄意雕（原为寿山石雕特有的），还有衢州特有的水石书画镌刻新技法，充分利用原料本身的色彩、光泽、质地、纹理、形态等

图5-27　龙
石种：冻蜡　出产地：衢江　作者：苏工
收藏人：方向明

特点,通过独特的设计、创意和雕刻技法,将黄蜡石材质的特点表现得充分、自然,并与作品主题达到高度的统一。(图5-28)

三、"审美八法"

最近,浙江省委宣传部原副部长、中国美院副院长高尔颐先生借鉴中国古代绘画理论,结合现代工艺美术的特点,提出评判工艺品优劣的八条艺术标准。笔者认为不仅适用于黄蜡石雕品的鉴评,还有益于提高人们的审美素养。现将"审美八法"简介如下:

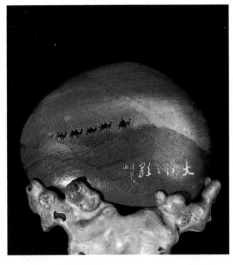

图5-28 大漠之歌
石种:细蜡 尺寸:19×14 出产地:衢江
作者:张汉彪 收藏人:张汉彪

第一,天然材质之美。大自然赐予人类丰富的物质,人们用物质加工成更多的器物,解决衣、食、住、行的需求,人类才能世代相传,这就是工艺文化的起源。潘天寿先生曾说:"无自然之文,亦无人为之文,无本则无成,有其本,辄有其成。"潘先生此处之自然之文指的是美丽的大自然。我引用则指的是天然材质。所以工艺美术离不开对材料的认识,材料是工艺美术之本。工艺品之美,在很大程度上是因材料之美而生的。因此,工艺师们总是在创作立意之先,对眼前的材料反复端详,细心揣摩,迟迟不肯动手。

第二,精神气质之美。古人评画标准有"六法",气韵生动为六法之首。气韵的本义是指人物及山水、花鸟的精神气质,工艺美术品同样离不开整体上气韵生动的美感要求。而且这种精神气质的美,源于作者自身精神气质之美,源于作者熟练的艺术表现能力。古人提出"七分读者,三分画画"、"功夫在画外",就是要求作者不断提高自己的精神气质。

第三,节奏力度之美。古人称之为"骨法用笔",指用笔要有功力,墨色上亦需用笔分明。工艺美术也同理,改称节奏力度之美更为合适。艺术与生活的不同之处还在于它更强调节奏的变化和力度的强化。作品中虽无直接的勾线,但必定有形意和动动的骨架线。这些骨架线(刀痕)的运动变化,其节奏和力度同样可以增强艺术的表现力。

第四,以形写神之美。艺术家不应当只追求自然的真实,满足于"栩栩如生",应当把自然的真实和艺术的真实结合起来,达到真正的艺术真实。工艺美术因受材质、技术和表现空间的局限,更不需以自然的真实来束缚自己的手脚,就应以形写神,神从形生。无形,则神无所依托;有形无神,亦不能优秀的作品。达到以形写神之美,必须具备扎实的写生基本功。

第五,巧用色彩之美。要用好材料的天然色彩,或保持本色,或依据需要选择恰当的色彩组合,剔除不需要的部分。切忌大面积地人工施彩和色彩的乱搭配,民间早有配色口诀:"自配黑,分明极;红间绿,花簇簇;粉笼黄,胜增光;青间紫,不如死。"工艺美术的配色要学会和掌握色彩对比和调和的基本规律,努力做到"用淡色而能深沉,用艳色而能清雅,用浓色而能古厚",自然就不会出浅薄、重浊、火气、俗光等问题了。

第六,经营构成之美。构图布局要讲章法,工艺美术中既有平面布置点、线、面的关系,更有立体构成的点、线、面、体、色彩、肌理和空间的关系,还有形式要素的对比与调和、对称等与均衡、稳定与轻巧、比例与习惯、节奏与韵律、联想与意境、多样与统一等关系。黄宾虹先生说:"江山本如画,内美静中参。人巧夺天工,剪裁青出蓝。"还有"疏可走马,密不迎风"和"上重下轻之布置,易于灵动,易得气势","上轻下重之布置,易于平衡,易于呆板"等经营构成的谚语都是先人的宝贵经验,只有把零散的素材和无序的元素,组织成有序、有主次、有节奏的整体,才能体现作品的经营构成之美。

第七,传承创新之美。潘天寿先生:"学画时,须懂得了古人的理法,亦须懂自然的理法,作画时须会舍得了自然的理法,亦须会古人的理法,即能出人头地而为画中龙矣。"工艺美术也要接受传统,推陈出新,继承不易,创新更难,创新就是出奇。要想以奇取胜,必须有奇异的禀赋、奇异的怀抱、奇异的素养、奇异的环境,然后才能启发其奇异而成就其奇异。

第八,手工技艺之美。工艺文化的本质特征就是手工技艺,人们的作品中追求人性时,手工的价值永远值得铭记。然而,手工同样有灵巧和笨拙之分,汉字中还着意区分了同样属于"技"的三个词:"技能"、"技术"、"技巧"。技能是熟练,通过长期的重复劳动练习,才会获得技能。技术是理念、经验与思索的积累,才会获得技术。技巧是谋划,下意识地留下手工的痕迹,追求某种古朴、高雅的趣味,才是技巧,或称技艺。千篇一律、冷酷无情的工业化产品,会对工艺美术市场造成很大的冲击,但工艺美术的手工技艺和产品的独一无二的优势,同样可以立于不败之地。

第五节　第三种玩法

2014年12月,衢州石友毛建斌发表题为《小众文化疑无路,户户家家又一村——黄蜡石的第三种玩法》的论文。提出黄蜡石要跨越小众文化这个坎,就要大力提倡和推广传统玩石文化的观点。

毛建斌认为,目前黄蜡石有两种玩法:一种是用作玉料,雕成摆件、挂件、手把件等;另一种是单纯的观赏石欣赏,如象形石、画面石、天然手玩石等。两种玩法都有缺陷:黄蜡石作为新兴玉种,在珠宝市场上挑战翡翠、和田玉并不容易,有待时间的检验;而极品的黄蜡观赏石资源稀少,有价无市,也不能为大众所消费。由此注定了玩赏黄蜡石只是小众文化的尴尬境地。所以现在的石展,基本上是业内人士的聚会,石头的交易也只在圈内买来买去,确有自娱自乐的感觉。一般百姓不会花钱去买。收藏界的富人又很少懂得石头的质色形纹韵,跨界认同很难。这种尴尬境遇如何去突破呢?

实际上,黄蜡石还有一种十分重要和广泛的用途——传统文化玩石。

在黄蜡石兴起的近十年里,曾有不少玩家、商家用传统文化的理念在诠释、经营着黄蜡石。例如,像元宝的石头会以"财神"取名,有凹坑的象形石会以"聚宝盆"销售,有羊形图案的会称为"大吉祥"。然而这只是零碎、片段地应用着传统文化,几乎没有人系统地研究和阐述黄蜡石在传统文化玩石中的应用。

中国传统文化玩石就是传统的奇石玩法,更注重石头在日常生活中的应用。奇石的序列里包括镇宅石、迎客石、辟邪石、风水石、观赏石、纪念石等。单纯的观赏石仅是传统玩石中的一小部分。现代观赏石以美石欣赏为主,而传统奇石玩法是利用原石所附有的天然灵性,应用在人们的日常生活中,用来镇宅、辟邪、祈福、养生等。谱云:"居无镇宅石不安,厅无迎客石不雅,室无观赏石无趣。"说出了奇石的作用和玩石的真谛。奇石进入家庭,是中国几千年来形成的习俗。奇石不单是一种摆设,更是对居家生活有重要作用的珍贵之物。

黄蜡石作为中国奇石的优秀品种,在传统文化玩石中具有突出的优势:

一是色彩的优势。黄蜡石以黄红为主色调,因与新中国国旗同色系,故深受国人喜爱。黄又有金黄、栗黄、橘黄、鸡油黄、枇杷黄、土黄等,红又有鸡血红、枣红、酒红、玫瑰红、桃红之别。还有紫、绿、青、灰、黑等颜色。

二是纹理画面的优势。黄蜡石的纹理是其他观赏石所少有的:金印纹、鱼子纹、鸡爪纹、狗爪纹、刀砍纹、竹叶纹、猪浮皮纹、网纹、葡萄纹、荔枝纹、萝卜丝纹等。尤其是晶蜡的网纹,有粗有细,粗的仿佛手指,细的犹如发丝;凸起有高有低,高的如透雕,低的似浮雕,展现出不同的风采和寓意。黄蜡石表面还常出现惊艳画面、图案,让人叹为观止。

三是质地的优势。黄蜡石有冻蜡、胶蜡、细蜡、粗蜡等,质形皆备在世上难找,相似的玛瑙也往往因为必然的玛瑙纹而画蛇添足。

四是形状体量的优势。黄蜡石外形千变万化,常常是一块石头上有不同的冻体、不同的形状,怪异出乎人们的想象。而且大小山料、子料都有,可各取所需,各落其座,多方展示。

仅凭以上四大优势,就可奠定黄蜡石在传统文化玩石中的重要地位。至于怎样划分和运用迎客石、镇宅石、风水石、辟邪石、观赏石,早日让带着浓郁传统文化气息的黄蜡石走进寻常百姓家,这些都有待于我们的继续努力。

第六节　赏石的几个故事

一、"忠诚的朋友"

这是笔者多年前的亲身经历,在刚开始玩石的时候,笔者夫妻两人跟着资深石友到江西信江流域的一个小镇觅石。在一位叫"二哥"的石农家里,我们看到一块高密度的胶蜡——均匀细嫩的肌肤,完美无瑕的收边,让我心动。"二哥"看着我们急切的状态,得意洋洋地说:"那我开价了!"稍稍还价,去掉零头后,我们付了款。这时"二哥"却犹豫了,虽然用双手把它交给我,嘴里还嘟囔:"这么完整的子料,真舍不得卖,你看还有浮雕画面呢,像不像一只澳洲绵羊?"其实,在我眼里还看到一只鸡,一只刚刚脱壳、毛茸茸的小鸡!

回到家里小心捧出石头,一家人争相评说,有的说像鸡,有的说像羊,家养的宠物狗QQ也晃头晃脑地来凑热闹。不知谁说了一句:我看更像狗头。可不是吗,大大的耳朵,微微翘起的鼻子,还有温顺的目光凝视着你,连嘴巴旁的胡须都清晰可见……相像度超过90%,而且神形兼备,绝了!一块石头能同时具有羊、鸡、狗3个生肖的形态画面,不由不让人由衷地赞美奇石天造之魅力。(图5-29—图5-32)

2012年,这方取名"旺旺"的石头参加了衢州市博物馆举办黄蜡石精品展,后来又送到杭州浙江自然博物馆展出,有的石友在看到"旺旺"后告诉我,曾在江西"二哥"处看见过"旺旺",但只为价格差几百元而没买下。现在你看出"一石三肖",这真是你和"旺旺"有缘分!言者与爱石失之交臂的表情写在

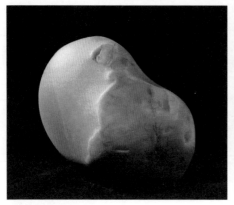

图5-29　澳洲绵羊
石种:胶蜡　尺寸:16×12.5×4.2
出产地:信江　收藏人:徐国庆

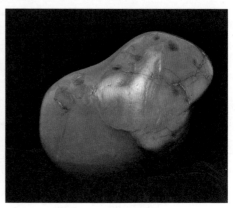

图5-30　萌鸡
石种:胶蜡　尺寸:16×12.5×4.2

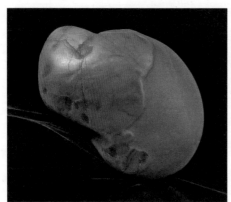

图5-31　旺旺
石种:胶蜡　尺寸:16×12.5×4.2

图5-32　宠物狗QQ

脸上。

又是几年过去了,"旺旺"一直默默地待在客厅的橱柜里,与本人的爱犬QQ一起守护着我们共同的家园。一家人也同爱狗一样宠爱着"旺旺",会经常地捧在手上,放在枕头下面,抚摸、对视、交流,它已经是家庭的成员,成为我们"忠诚的朋友"！

二、不辞而别的"红宝"

"红宝"是块手玩石，是石友金姐在衢江下游的砂场边捡到的。它石质温润，黄里透红，还有美丽的条纹，刚好一手把握。金姐十分喜欢，一直带在身边，直到最近新雕了一块素牌，才偶尔离身。

忽然有一天，金姐急匆匆地问我有没有看到她的红宝，原来不知什么时候，红宝不见了，急得她寻遍家中、办公室各处，又到近日走动过的石馆、石友家打听下落，就像走丢了自家的孩子！

金姐告诉我，8年前，在一场暴雨过后，她穿着长筒雨靴，踏着泥泞的小路来到江边，在挖砂机械震耳欲聋的轰鸣声中，在泥水砂石堆里翻找石头。很快两个小时过去了，仍然一无所获，太阳就要落山了。她伸了伸懒腰，眨巴眨巴酸胀的眼睛，难道又是一个空手而归的一天？突然，她眼前一亮——在滚动着的砂堆的斜面上，看到了"红宝"：在美丽的晚霞余光照射下，那么出跳，那么耀眼，仿佛周围一下子暗淡下来。真是"众里寻他千百度，蓦然回首，那人却在灯火阑珊处"。

金姐说："我得到红宝，这叫缘分，现在却丢失了，真让人遗憾。"不能继续拥有的遗憾叫做怀念！我不知道红宝为什么要离开？是因为我有了新欢而怨恨，还是不满我迎新忘旧的秉性？不知道它现在在哪里，是否已经找到新的主人或更好的人家？"

听着石友深情的表述，我十分理解她对"红宝"的留恋，这就像许多人交朋友那样，拥有时毫不在意，一旦失去才知道弥足珍贵。这种感情的培育和积累，已远远超越了价值本身。

我对石友说，到底是人玩石头，还是石头在玩人，其实真的说不清。"红宝"终归是要离开你的，不是现在，就是将来，不是石走，就是人走，人是活不过石头的。

三、"天鹅"和"眼睛"的归来

"天鹅"是一块天然的彩蜡石，但"天鹅"并不天生的！石友阿庆如是说。这怎么回事？阿庆兴奋地谈起最近发生的一件趣事：周末在家里搞卫生，坐在沙发上小憩，随手拿起一块陶石翻看。这是两年前在地摊上掏来的，石质致密，色泽鲜艳，只是没什么型，有点像青蛙，又不是十分像，就随便扔在角落里。借着朦胧的光线，翻看着石头，忽然在一个角度停住：丰满的胸脯，曲颈的鸭头，回首梳理着背上的羽毛，一只可爱的小鸭子活灵灵地浮在我的眼前。"老婆，老婆，你来看看。"妻子和女儿闻讯凑过来，女儿乐了："嗳，癞蛤蟆怎么变成天鹅了？"

"眼睛"的回归，就没有这么浪漫了，它是石友文武每月几趟跑江西半年后的收获。"眼睛"重150克，属细蜡，它的出彩处是由黄、红黑组成的眼睛图案，额头是黄底，眼线是红色的，眼珠是黑色的，连睫毛都清楚可见（图5-33）。更为难得的是它的文化内涵，文武告诉我，藏传佛教信奉的"天珠"，是一种有眼睛图纹的玛瑙，"眼睛"就像菩萨怜悯苦难民众的眼神，温暖而慈祥。

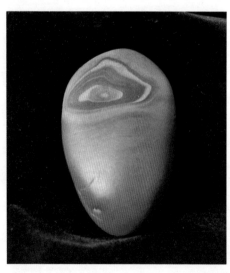

图5-33 独具慧眼
石种：彩蜡　尺寸：4×6.5×3　出产地：信江
收藏人：毛建斌

卖"眼睛"的是一位年轻的江西老表，他从帆布包里掏出石头递给文武："这么好的手玩石，还有眼睛图案。"看到"眼睛"，文武全身如同触电一般，再也不肯放下，获得"眼睛"后，文武又去考虑给它取个名字。有人建议叫"刘关张"，有人认为取"一目了然"好，紧后还是龙游展会评审组长张士忠给定了名字"独具慧眼"。

文武带着"眼睛"参加了全国黄蜡石精品展，获得了银奖，现在"眼睛"回到衢州，文武给它配上锦盒，文武说该让"眼睛"休息休息,等衢州建成黄蜡石博物馆,再让石友们一饱眼福。

　　"天鹅"、"眼睛"的发现可能是偶然的,但赏石的规律和乐趣是必然的,实践又一次证明,收藏观赏黄蜡石是门槛最低的收藏,只要有一双发现美的眼睛,我们就可以发现更多的"天鹅"和"独具慧眼"。(图5-34—图5-37)

图5-34　金猪
石种:胶蜡　尺寸:25×18×6　出产地:衢江
收藏人:寿勤力

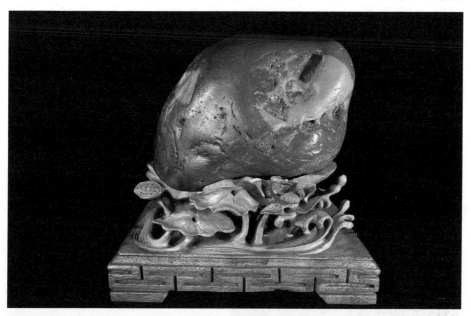

图5-35　孵
石种:胶蜡　尺寸:24×18×12　出产地:信江　收藏人:徐国庆

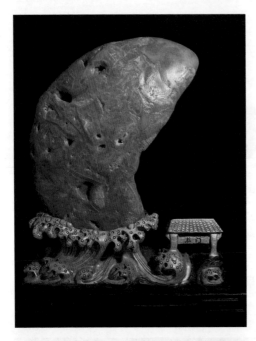

图5-36 龙门一跃
石种：品蜡　尺寸：28×13×5.8
出产地：衢江　收藏人：叶帆

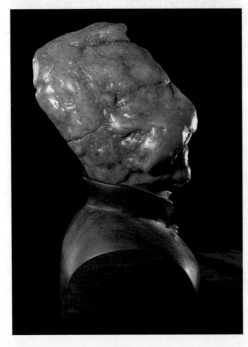

图5-37 鲁迅
石种：冻蜡　尺寸：26×20×12
出产地：衢江　收藏人：寿勤力

第六章 衢州黄蜡石的雕刻

第一节 雕刻史的沿革

关于衢州黄蜡石雕刻的起源,根据对衢州博物馆藏品的研究,早在新石器时代,衢州先民就以磨制为主生产出石镰刀、石斧等器物(图6-1)。2012年8月,在龙游县龙洲街道寺后村青碓早期新石器遗址,考古人员发现了一块黄蜡石切割打磨器,该器长10厘米、宽7厘米、厚4厘米,成不规则长方体,非常平滑,其中有两面呈水平状,有明显的人工打磨痕迹(图6-2)。浙江省文物考古专家蒋乐平与龙游县博物馆副馆长朱土生一致判定这块玉器的年份为距今9000年。这是至今为止发现最久远的黄蜡石手工打磨件,被视为衢州黄蜡石磨制石器的始祖。目前藏于龙游县博物馆。2010年,衢州石友郑某又在衢江边发现一件黄蜡石材料的环扣器,琢磨工艺已相当精细,经有关专业人士鉴定为4000年前先民使用的祭祀佩件。

2004年,云南黄蜡石(黄龙玉)的开发热潮,加速了衢州市黄蜡石产业的发展,从业人数也不断增加。爱好者从捡石为主,到向石农购买为主。城隍庙古玩市场的商户,大部分转为经营黄蜡石。

2006年,衢州青年毛建林等人率先办起黄蜡石雕刻工作室。开始只雕刻"蝉"、"笑佛"一类的小挂件,随着业务的发展,也承接山子摆件和仿古器皿,雕刻的品种也由初始的两三个扩展到20多个。

2007年10月,以城隍庙市场经营户为主体的60多名黄蜡石爱好者,自发

图6-1 衢州博物馆

图6-2 9000年前的黄蜡石打磨件
收藏人：龙游县博物馆

成立了衢州市观赏石协会。衢州石友在以赏玩黄蜡石观赏石为主的同时，开始关注精品黄蜡石的雕刻。

2009年8月，衢州弘明文化传播有限公司向国家商标总局注册"衢州黄玉"名称。同年5月，市文联、弘明公司印刷《衢州黄蜡石》画册，选入石品51件，其中雕件11件，衢州黄蜡石雕刻首次在报刊亮相。

2011年衢州市企业家王忠明，创办浙江善和坊玉雕有限公司，他引进江苏、浙江、福建等地玉石雕刻名家，以印章文玩为突破口，相继开发出黄玉山子、器皿、佩饰、把玩等产品，得到市场认可，第二年黄玉销售额就超过1700万元。

2012年，一个以衢州市区为中心，半径200多公里，覆盖四省九地市30多个县的黄玉（含观赏石）市场形成规模。每逢周五至周六，市区城隍庙市场、新马路黄蜡石一条街市场和真诚旅馆、风华旅馆都有几百人聚集、交易。衢州市民对黄玉的兴趣日益浓厚，各地玉商和玉雕技工则纷纷来衢州安家创业。据不完全统计，我市从事黄蜡石采集、交易、雕刻、收藏的人数不下万人，其中采石农民数千人，经营黄玉的商户400多家，从事玉雕的技工100多人。

2013年3月，衢州籍省级技能大师杜梦生与衢州职业技术学院合作，成立石雕实训基地。黄玉雕刻经营大户杜梦生、张巨清入驻衢州国家级经济技术开发区。9月，青田县国家级工艺美术大师林观博、张爱光在衢州设立中国工艺美术大师工作室。

2014年市经济和信息化委员会、人力资源和社会保障局、总工会，联合举办了首届衢州市黄蜡石雕刻职业技能竞赛，并给参赛的19名选手分别发给职业技师（国家职业资格二级）和高级工（国家职业三级）证书，对第一名选手吴成峰还授予"衢州市技术能手"荣誉称号。12月，杜梦生被授予"浙江省工艺美术大师"称号。

2015年4月，在杭州召开的"第五届中国（浙江）工艺美术精品博览会"上，杜梦生率领的衢州雅研公司黄蜡石雕刻团队，获得1个金奖、1个银奖、3个铜奖。10月，该团队的郑小强、盛红、周昕被衢州市人力资源和社会保障局评为玉雕技师（国家二级）。

第二节　雕刻技法分类

一、圆雕

圆雕又称立体雕，是从前、后、左、右、上、中、下等各个方位雕刻物体的方法。所雕作品逼真如实物,特别富有立体感。由于黄蜡石石材大多数有一层厚薄不匀的石皮,而石材内部肉质、色彩、棉絮和裂痕,非常难以判断,所以圆雕作品都应该选用切开的明料,或开过部分窗口能大致知道肉质色彩的材料来做。取材时还应注意肉质和色彩的统一,选择色带分布均匀的石材进行雕刻。

因为圆雕最接近于实物,所以选用的料石,应该有按实物比例应有的块度。选择适度销大的料石是保证雕品成功的先决条件,然后在选好的石材上"打坯"。"打坯"的目的是保证雕品的各个部件既能按实物的比例,更能比实物传神。圆雕要特别注意的是各个方位统一、和谐与融合。圆雕一般从前方位"开雕",因为前方位是最主体的方位。主体成功了,作品就成功了一半,主体雕不好,其他部位就没有雕刻价值了。

二、浮雕

浮雕是在石面凸起物像的一种雕刻技法,它与圆雕最大不同的主要是只从前面的方位(或兼顾到左、右方位)表现物像的"半立体感"(图6-3)。后面的方位或贴在石壁上,或根据石料层情况,简略雕刻。要凸起物像,自然要铲去非物像的部分。如果铲去非物像部分的深度浅薄,那凸起的物像也浅,称"浅浮雕";反之则称"深浮雕"。浅浮雕与深浮雕的界线在5毫米,地子深度不到5毫米的为浅浮雕,地子深度超过5毫米的为深浮雕。"深浮雕"又称半圆雕,层次交叉多,立体感强,已十分接近"圆雕"。

图6-3 新安江的早晨
石种:胶蜡 尺寸:15×13×4 作者:吴成峰
收藏人:徐国庆

黄蜡石浮雕最好选择色层分明的薄形石料,利用外层石色雕刻景物,以里层石色作为衬底,形成自然套色。若将里层石色再刻薄意衬景,更加精妙。其制作过程:通过相石,分析石色的分布情况及色层深度,然后确定作品的题材和构图。设计画面要有中国绘画的风格。景物的层次重叠应视色层之深浅而定。构图宜丰满,衬底出露面积不可过大或过于集中。设计定稿后,以尖磨头刀顺着景物的轮廓"线勒"一遍,再用平口棒针磨头削除画面空间部分,称为"刮底"。待达到预定深度或里层石色显露后,再进行刻制。刻制景物主要使用平磨棒针和平磨丁头钻具,在高起的景物层上雕刻出画面的层次,力求使所表现的物像在结构上富有立体感,最后再用修光刀具进行修饰。

三、薄意雕

薄意是比浅浮雕更"浅"的一种寿山石雕法。因雕刻层薄,而且富有画意,所以称"薄意"。它比浮雕更有画意,又比图画更富有"雕"的立体感。薄意能够多留一点原石的本质,空白多,加工的地方少一点,也可以突出黄蜡石本质的风采。薄意因为刻浅如画,所以也称"刀画",即在黄蜡石石材上以刀代笔作画。薄意者技在薄,而艺在意。讲究薄,但并不是越薄越好,因为并不能真的如纸一样薄;追求意,自以刀笔写意为尚,简而洒脱并富有韵味为最佳,最适合质佳而材小的黄蜡石、特别是天然子料的雕刻。如果是皮质和肉质有色差的黄蜡石,或是有薄色层的优质细蜡冻,更能发挥其艺术效果。

薄意雕首先要选择优质水头足的石材,如冻蜡、胶蜡等,有皮者更好。其次是相石,要利用好表皮,认真研究石材裂痕的走向,处理好疵疤和石根等。第三是清石,根据腹稿设计,作甄别去留,完善雕件。第四是作画,即用笔在石材上画稿。第五是勾勒,以尖刀代笔,在画笔线上浅浅地勾勒出线条定位。最后是打磨和抛光(图6-4)。

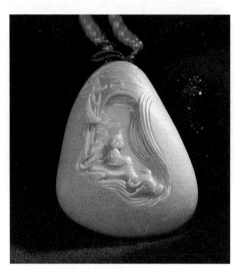

图6-4　暮归
石种：胶蜡　尺寸7×4.5　出产地：信江
作者：罗光明　收藏人：王劲

四、印章制作

印章制作与其他雕法不同。首先是相石取料要求无裂纹，少气孔，颜色艳，体积大，六个面都无明显瑕疵。虽然玉化、半玉化，甚至基本不玉化的黄蜡石都采用，但仍追求蜡质感强、玉化程度高的目标。色调以黄红为主，可热烈奔放，可素雅清淡，最好石纹肌理丰富有构图。

二是切割成型。在同等石质的情况下，印章的体型越大价值越高，因此，能取大件的就不应收小料。有纹理构图的要充分利用，或高山流水，或风起云涌，都是世上不可复制的孤品。有石胆的要完整保留，一切两面，一对双胞胎，是绝无仅有的。切割还要去掉石体的气孔、杂质和伤裂，但应尽量保留印章顶部的原皮。

三是平磨、抛光。用不同规格的砂纸、平磨机、金钢砂磨片（100—800#）。先粗磨，后细磨，用角尺和游标卡尺不断修正印料的垂直度、棱线与棱线的平行度，着力提高精准度。最后经过抛光和上蜡，平头素章就算完成。

四是制作印钮。颜色亮丽，质地纯净的精品素章，可以考虑设计印钮。如要篆刻，则是更深奥的艺术。先要运用篆法和章法设计印稿，需要文字功底和创作灵感，往往很费神，绝对不是把字写清楚就行的；再就是用水写笔（遇水不化）写石上稿；最后才是动刀。因为黄蜡石硬度高，要用玉雕机钉砣代替传统雕刀。注意起笔和收笔，达到既有笔墨韵味，又有金石雅趣，富有岁月沧桑感。否则就称不上优秀篆刻作品。

五、水石书画镌刻

以石当纸，以刀代笔，在光滑完整的水冲石料上作书作画，既能欣赏石的完美，又能展现书画的韵味，这就是水石书画镌刻。水石镌刻采用阴刻技法。不同的是取料，水石镌刻以黄蜡石水料为载体，完整保留料石的自然形态和收边。另外，可以在刻痕内适当着色或上金粉，以突出绘画与石皮的色差，如果料石有俏色或石皮与石心有色差，就不必着色，尽量保持料石的自然状态。

水石镌刻的工序分六步：一是相石，凡是完整、光滑、细腻、水洗度好的都可采用。有传神造型或亮丽色彩的更为理想；二是设计，根据原石的造型或色彩图案，设计书法或绘画的题材，可考虑与石料相适应的文化元素，如高耸刚健形态的，可写绘励志书画，圆润平和的，宜写"宁静致远"等修身养性的哲言；三是雕刻，根据书画线条的粗细，选择不同型号的磨头，要注意不同于毛笔那样随意转折，有轻重急缓、抑扬顿挫的书法韵味（作者要具备书画功底，并长时间实践后才能掌握笔法手感），先用粗刻打出轮廓，再用细刀修饰关键部位；四是着色上金，在整体雕刻完成后，根据原石的姿色冷暖、深浅决定着色或上金。一般黄色原石用黑色着色，黑色原石用金色或墨绿色，有时用蓝色也能取得很好的效果，总的以视觉舒服为准；五是清理，完成着色后，要及时清理线条之外多余的色渍，应在着色部分尚未完全干透完成清理。金粉干透时间短些，一般一个小时，油漆时间要三个小时以上；六是配座，根据原石形状和书画的内容，选择最合适的底座造型。底座材料最好选自然的树根，与石互为映衬可锦上添花，但比较费时费工。用一般的木质底座就简单些，可以规范设计，也容易放得稳，只是少了些个性。

第三节　特色技艺

因为优质黄蜡石具备了和田玉、翡翠、田黄石等中国传统玉石的优秀品质,所以它可以理所当然地承担起传统玉石雕刻的继承和创新的责任。可以说,传统玉石雕刻的各种技法,都适用于黄蜡石的创作。黄蜡石雕刻的题材已经覆盖了人物、山水、花鸟、器皿、饰品、把玩、印章及文玩等诸多门类。由于衢州黄蜡石具备了色、质、形、纹、韵"五绝",所以我们可以在雕刻上采用"五巧":一是"巧思",就是发挥黄蜡石"五绝"优势,在设计上下足工夫,力争有所创新;二是"巧色",运用寿山石雕刻的俏色工,利用好黄蜡石的黄、红、白、黑、蓝等天然色彩;三是"巧形",以原石千姿百态形状为平台,构思整体或局部雕刻布局;四是"巧质",变黄蜡石石质不匀之短板,展现局部优质与整体粗犷之反差对比美;五是"巧工",根据不同材料,施以福州工、苏州工、海作工、广作工等不同技法,展现中华玉雕文明之综合成果。从黄蜡石料石的特性出发,分析黄蜡石雕刻的特殊要求。做到"因型而制"、"因色而制"、"因材而制"。

一、因型而制

在传统玉雕中,只有黄蜡石与和田玉子料具备完整和多样的象形料石,因此,要特别珍惜原生态的造型,尽可能不改变原石的表面形体。中国收藏家喜爱的玉雕艺术大师、广东省高级技师张焕学创作的"石破天惊"原石是一块裂痕累累的细蜡(微透),但张焕学在审石的时候看到了它的优点:石形圆润、收边完整、石肤细腻。它的裂痕虽多,但有放射状的规律,一个灵感出来了:石猴出世!他把料石中央相对完整的一小块泛红的地方雕成猴头,周边的裂痕像是被石猴挤碎一样,涨红的面部表情也恰到好处,整个画面充满着动感和张力。该作品巧用了料石的形态和裂纹,实现了题材创新,荣获广东省"玉魂奖"银奖。(图6-5)

因型而制不仅适用于山子摆件,还可运用于手把件、挂件、饰品和文玩用品等。总体要求是整体要圆润,造型要柔美,布局各部分的高点要在同一面上,不能有太大的凸出凹陷。这一点,在衢州的河南籍雕师掌握得比较到位。

图6-5　"石破天惊"　　　　　　　　　图6-6　泉
作者：张焕学　　　　　　　　　　　　作者：郑继

二、因色而制

黄蜡石之所以成名贵石种，颜色和光泽是摆在首位的。色谱学证明，黄色与国人最亲近，最有亲和力。广东地方话里"黄"与"旺"是同音字。黄蜡石的"黄"是大自然赋予的，人类是调不出来的。因此，保留以黄色为主、各色相映的色彩，让"色"发挥更大的作用十分重要。要运用俏色雕的技法，先是用好肤色（石皮），再是用好"里子"（石肉），不要轻易放过局部的色差。实践证明，只要俏色用得好，优质的料石能够成为无价之宝，一般的料石也能身价倍增，就是原来的"垃圾石"也可以变废为宝。中国玉石雕刻大师郑继的作品"泉"（现为邵新龙黄玉馆收藏），就是用色巧妙的经典之作（图6-6）。一块带石英粗晶皮的子料，内部质地特好，不仅温润细腻，而且有黄、红、白三种颜色。郑继仅打开一面窗口，形成自然洞府的场景，洞中左下方白色部分雕成一股泉水注入池中，主体黄色部分雕成线条柔美的浴女，淡淡的红色恰当地展现了羞答答的面容。黄、红、白三色相互映衬，得到最佳的效果。作品似一幅有声的油画，沁人心田。浙江省工艺美术大师杜梦牛的作品"李白观瀑图"，则是变废为宝的用色典范。一块黄皮灰肉，还带条纹的料石，在杜梦生刀下成为庐山瀑布：黄色的是山崖，灰白色条纹是流水，李白站立仰望，真有"飞流直下三千尺，疑似银河落九天"的气概和胸怀。

三、因材而制

与传统玉雕相比，黄蜡石虽有特长，也存在结构复杂、石质不均匀等问题，往往一块料石里就有优劣的天壤之别。这就要求雕刻师认真审料，耐心清料，因材而制。首先是"审料"，就是对料石的质地、颜色、形态做由表及里的观察。从而掌握料石各部位各层面的玉化度、纯净度和颜色的变化情况，为合理运用打下基础。然后是"清料"，用工具把料石的粗皮疙结、裂绺和杂质剔除，使其露出庐山真面目。清料要掌握留大、留皮、留"俏"的原则，尽量保留整块的大料，适当保留石皮，不破坏"俏雕"的元素。最后是精心设计，因材施技。根据审料、清料结果，先构思几套方案，经过反复揣摩、比较，然后确定一个题材内容与料石条件最相配的方案，才可动手雕刻。

因材而制的成功之作很多，福建玉雕师张玉春用衢江特有的梨皮蜡雕刻的"富甲一方"，梨皮蜡的色纹和甲鱼皮肤一模一样，两只甲鱼惟妙惟肖的造型，着实令人称奇。最近成功入围中国玉雕最权威的"天工奖"浙江赛区展（图6-7）。张焕学的作品"生机"则是利用了一块废石上局部的好料设计成含苞初放的嫩芽，嫩芽的细腻温润与基石的粗砾形成强烈的反差，更突出了坚忍不拔、生机勃勃的意境。

图6-7　富甲一方
作者：张玉春　收藏人：张述章

第四节　雕刻工序及要领

雕刻工序包括设计、开坯、细工、修光、抛光、配座六个步骤。

一、设计

设计是黄玉雕刻的灵魂。设计包括相料和构图两部分，相料要求"量料取材"、"因材施艺"、"材尽其用"，要分析玉料的特点，最大限度地加以利用。要有尊重玉料的意识，只有读懂玉料才能达到"人玉合一"。首先要根据黄玉的不同品种、档次和形状，确定雕刻的器型和种类，然后再考虑题材、形制和布局。设计图稿要考虑整体的顺畅和谐，传统的圆形与现代的几何形不宜混搭。图稿要留足空间位置，还要固定好"俏雕"用色的区块。黄玉雕刻与传统玉雕最大区别在于不是一蹴而就、一次定型的。要根据不断变化的色彩和纹理走向，及时调整设计方案，有时候仅画图打样就要做两三次。

二、开坯

开坯是整个作品的基础,它以简练的几何形体体现整体构思,要求做到有层次,有动势,比例协调,整体感强,形成作品的轮廓。开坯的基本思路是,从全局着眼,从局部着手,由大局到小局,由小局到点;又由点到面,由小分面到大分面,众多的点和面组成有机的整体。

开坯的操作程序是,由表及里,由浅入深,由上往下,由近到远,由前到后,由粗到细,由抽象到形象。先要找到作品的整体定位,大刀阔斧地去除多余材料,使作品出现初期的形象。再分别做作品的局部细节与特征,并使各个局部融合为一个整体。开坯要留有余地,就像服装剪裁,要有适当的放量,"留得宽大尚能小,错成小来难回大"。所刻物体内部距离要紧密,内距宜小不宜大,留得一分好处多。

三、细工

细工又称"打细坯",是在坯的基础上明确作品形态,进入定型阶段。打细坯要求胸怀全局地调整比例和各种布局,然后将人物等具体形态及五官、四肢、服饰和附件等细节逐步落实完成。这个阶段作品的体积和线条已经成型。因此要求刀法圆熟流畅,不拖泥带水,有充分的表现力。衢州雕工对本地料石有独特的用刀方法,碰到颗粒不够均匀、但局部又很温润的江山保安山料,他们会放慢刀的转速,拉出的线条柔美又干净。打细坯要运用镂空技巧,镂去多余部分。还要运用带筋法,即在作品的空档部位留下一小块料使其与邻近的部位牵连,待作品完成后再一一去除。

四、修光

修光的目的是让作品画面清晰,显出玉石本身的色泽和光彩。修光的程序与开坯正好相反,它是由里到外,由深到浅,由远到近,由粗到细来操作的。因为作品成坯后,牢度已大为减弱,只有先修好里、深、远、粗、才能保护好外、浅、近、细的成果。修光的要领:要求刀技清楚细密,或是圆转,或是板直,力求把各部分的细枝末节及其质感表现出来，使作品达到光洁、干净、清晰、精细、明确、形实、神似、韵美的要求。修光到位，设计意图能得到正确体现，打磨和抛光还能减少难度和工作量。

五、抛光

抛光是黄玉雕刻的最后一道工序，它是通过抛光剂和雕件表面的摩擦运动，实现作品光滑细腻和温润的效果。抛光的方法有机械轮磨抛光和手工擦磨抛光两类。一般的圆珠、手镯和杂件类可采用滚桶、震机机抛（不用手直接操作）。造型复杂的山子摆件、手把件和精细的挂件应手工抛光。可根据雕件形状，将白坯石雕用粗细不同的砂条切割成大小各异的条状，按雕刻大小的细度匹配大小砂条，反复磨到细润光滑为止。要求先用粗砂条，后用细砂条，直至用到最细的1200号砂条。要顺着石纤维方向反复打磨，直至刀痕砂路消失，再涂上钻石抛光粉用牛皮抛亮。

影响抛光效果的因素有三个：一是玉料的材质，密度大的易光亮，密度小的不易光亮。二是前道工序质量好的容易出效果，如果修光不到位，抛光再费劲也难如人意。三是切忌生搬硬套，并不是每件作品或作品的每个部位的抛光都要求越亮越好。要因材施技，巧用亮光、柔光和亚光，目标是体现作品的整体审美要求。

六、配座

底座有三项功能：一是固托主体，平衡重心；二是装饰美化，烘托延伸主题；三是体现立意，展现文化。因此，底座不仅是作品的物理组成部分，也是评定鉴赏作品整体水平不可或缺的一部分。衢州配座界认为，底座创作讲究"形、质、色、纹、工"，其中又以"形、纹、工"为最重要："形"可使雕件展现最佳形态，"纹"可使底座最大限度发挥"绿叶"作用，而"工"可提升作品的艺术性。

底座设计应该研究作品整体的虚实、平衡动静、稳险的协调。一定会遇到角度、入榫、厚薄、比例、工艺、用料、题材、用色等问题，由于每件作品的形式都不同，所以没有现成的答案，只有用心感悟，注重每个环节，才能做出精品。

图6-8　衢州精品款底座
石种：胶蜡　尺寸：28×14×8　出产地：衢江
作者：吕刚勤　收藏人：寿勤力

（图6-8、图6-9）配置底座的注意事项：要注意雕件与底座相互之间的比例协调，配座不能喧宾夺主。注意色调上的相互烘托，一般底座的色调应该比雕件的颜色深一些。底座制作还有一个最基本的要求，就是包口必须与雕件紧密结合，不能留有空隙或模棱两可的感觉。底座一般用木材，可选不易变形的硬木料，如香樟或硬杂木，档次高的雕件也可用紫檀、红酸枝和花梨木。一般木质底座用树脂漆防水防潮，高档底座可罩大漆为涂层。另外，还有特种材料配座，如根雕配座或以石配座，可根据雕件类型和个人喜好选择。

七、雕刻要领

技法就是雕刻师用来体现创作构思的技术手法。衢州黄蜡石雕刻的主要工具是电动吊机，初学者只要熟悉各种磨头不同的用途，才能掌握雕刻技巧。磨头的转折、顿挫、凹凸、起伏，都是为了使作品更加生动自然，以充分体现黄玉的材质美，体现精致多样的雕琢美。只有领悟黄玉雕刻艺术真谛、又熟练掌握工具的人，才能以"刀"代"笔"，挥洒自如。那些缺少文化和技术底气的人，只能描画做作，死板匠气，当然雕不出黄玉的艺术韵味。只有多实践勤思索，才能形成自己特有的工艺风格。

在开胚阶段，磨头的转速可以快些。要注意执磨头姿势的重要性，其正确与否不仅影响雕刻操作的顺利进行，而且还会引起安全方面的问题。主要是

图6-9　根雕型底座
石种：山料　出产地：闽江　作者：廖光勇

用600—800磨棒头进行工作，转速可调至最高5000转，右手执电动笔，拇指食指紧扣向下压，中指顶于电动笔头部，类似于执钢笔写字的手势。当雕刻向内推进或深挖时，可作拳心向内状。当雕刻向左右推进时可作拳心向左右状，或随着所雕物体各个方向的改变而随时改变手势的运作。三种方法要灵活掌握。如磨头进入过深，切勿急抽出磨头，否则会引起锋口开裂或剥落，甚至造成磨头断头。应轻微地顺磨头运动方向稍许抖动让磨头能尽可能磨去周围的石料，直至其可摇动为止。

　　在雕刻进行到细坯和修光阶段时，要用1000—1200转速磨头进行。一种是双手握捏工具,如右手握紧电动笔柄上端,左手捏住电动笔下部,慢慢向左右方向推进;另一种是右手执刀呈握笔状,但要将无名指和小指紧抵在雕刻物上向前后运刀,以控制磨头。要注意左手的位置,做小件圆雕时,握住作品的左手应放在右手的后下方,作品一端可顶靠在工作台上;做浮雕时,为了按住石板,左手应远离右手的刀具,或者放在右手的后方。

第五节　不同题材的评价

衢州黄玉雕刻的题材很多,主要有山水、人物、兽类、花、鸟类、文玩印章和器皿等,对不同题材应该有不同的评价。只有掌握不同题材的评价标准,才能准确有效的鉴评黄玉雕品。

一、山水

山水是表现自然景物、人文景观和历史场景的传统题材,往往以画作为底稿,运用多种玉雕技法而成。他以山林题材为主,以山水、树木、人物和建筑构图,达到有聚有散,疏密得体,有近有远,错落有致。以用料尺寸大为显著特征,以保留整块原石天然浑朴的外形原貌为特点。作品要求布局协调完整,造型准确生动,主题和主体鲜明突出,层次分明有序,要求气势壮观,意境深远。如果在相石选料、设计、抛光等环节上有所突破,更能体现独具匠心、不落俗套、在继承中求发展的创新,从而极大提升作品的魅力和价值。(图6-10、图6-11)

二、人物

人物雕件要合乎解剖要求,人体各部位的结构、比例要适当,动作要自然,呼应传神。头脸的刻画,要合乎男女老少的特征。面部表情等合情理,比如佛像的面目要鼻正、口方、垂帘全倾视、两耳垂肩。仕女的面目,要求秀丽动人,手型结构要准确。要根据不同人物的身份性格和动态情节进行创作,比如男性的手臂要粗壮有力,女性手型要纤细自然,手持的器物也要适当。服饰衣纹要随身合体,有厚薄软硬的质感,线条要交代清楚,动态要自然而飘

图6-10　空山心雨
石种：胶蜡　尺寸：20×14×4.5　出产地：衢江　作者：杜梦生

图6-11　月下泛舟
石种：胶蜡　尺寸：12×15.5×5　出产地：衢
江　作者：林义恩　收藏人：吴歌

图6-12　富贵吉祥
石种：胶蜡　尺寸：25×21×6　出产地：衢江
作者：广作工　收藏人：金小凡

图6-13　三羊开泰
石种：胶蜡　出产地：衢江
收藏人：韩建勇

洒。陪衬物要和主体相协调，不能喧宾夺主。

三、花鸟花卉

花鸟花卉构图要丰满、美观、生动、真实、新颖，以映衬出生机盎然的艺术效果，主体和陪衬要协调自然。花要丰满，枝叶茂盛，布局得当。花头花叶翻卷折叠自然、草木藤本，老嫩枝要区分清楚，符合生长规律。整体和细部力求玲珑剔透。

鸟类要造型准确，形态生动，做到张嘴、悬舌、透爪。羽毛勾彻、挤轧均匀，大面平顺，小地利落。"对鸟"类产品，高低大小和颜色应基本相同。整体以鸟为主，主次分明。(图6-12)

四、兽类

要求是造型生动传神，各部位的比例合乎基本要求，要肌肉丰满健壮，骨骼清楚，五官形象和立、卧、行、跃、抓、挠、蹬的各种姿态，要富有生活气息。"对兽"类产品要规矩、对称，颜色基本一致。动物的鬃毛要求深浅一致，不断不乱，根根到底。变形产品的造型，要敢于夸张，又要注意动态的合理性。(图6-13)

五、印章

印章制作与其他雕法不同。首先是相石取料，要求原石无裂纹，少气孔，颜色艳，体积大，六个面都无明显瑕疵。虽然玉化、半玉化、甚至基本不玉化的黄蜡石都可以采用，但仍以蜡质感强、玉化程度高的料石为目标。色调以黄红为主，也可巧用蓝、白、黑诸色，既有热烈奔放，也有素雅清淡。要利用好黄蜡石的天然纹理和画面，最好印章肌里丰富有图构。(图6-14)

图6-14　印章一组
石种：胶蜡　出产地：衢江　收藏人：宋鸿恩

图6-15　古兽印钮
石种：胶蜡　出产地：衢江
收藏人：韩建勇

印钮多以古兽、人物和瓜果造型，采用圆雕技法。印顶有留皮的可用博古表现俏色雕。印身可用薄意和博古等多种技法，有小裂的可用薄意，体裁可选人物、山水、花鸟。作品追求依势构思，着重传神，纯朴深厚，清雅逸致、富有意境。(图6-15)

六、器皿类

器皿造型要周正、规矩、对称、美观、大方、稳重、比例得当。仿古产品要古雅、端庄，尽可能按原样仿制。器皿的膛肚要串匀中够，子母口要严紧、认口；身盖颜色要一致；环链基本规矩、协调、大小均匀、活动自如。纹饰要自然整齐，边线规矩，地子平展，深浅一致。透空纹饰，眼地匀称、干净利落；浮雕纹饰，深浅浮雕的层次要清楚，合乎透视关系。(图6-16—图6-20)

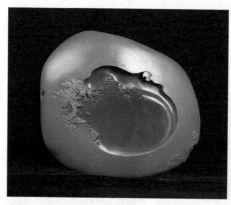

图6-16　文玩砚
石种：细腻　出产地：衢江
收藏人：韩建勇

图6-17　茶壶
石种：胶蜡　尺寸：11×5　收藏人：韩建勇

图6-18　香炉
石种：细蜡　尺寸：15×10　出产地：信江
收藏人：韩建勇

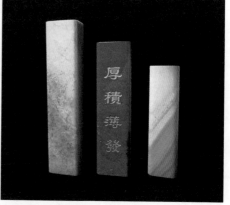

图6-19　镇纸
石种：细蜡　出产地：衢江　作者：韩建勇

图6-20 车挂
石种：细蜡　尺寸：5×5×1　作者：韩建勇

第六节　各种雕工之风格

衢州黄玉市场的兴起，引起各界人士的关注：中国观赏石协会会长寿嘉华连续三年来衢州龙游参加石展。中石协副秘书长、《宝藏》杂志社社长徐迅如，中国珠宝玉石行业专家林男，青田籍国家工艺美术大师林观博、张爱光，临安籍工艺美术大师钱高潮，《中华奇石》杂志主编陈西，中华奇石网主编施刘章等多次来衢州考察、讲座。国内著名黄玉雕刻大师林霖铃（云南）、张焕学（广东）、黄民强（广东）、林邵川（福州）、郑继（福州）和罗光明（苏州）等经常来衢州施展才艺。不少福建、江苏、广东、河南和本省各地的玉雕师也纷纷来衢创业。目前仅市区就有玉雕工作室三十多家、雕刻师上百人。外地雕刻师不仅带来了技术、信息、客源，还带来了不同玉雕的技法与风格。

扬州工，反映扬州地区传统的治玉工艺。采用浮雕、圆雕、镂空雕等多种技法，风格有两个特点：一是表现的场面比较大，历代宫廷巨作大都请扬州玉工制作，中国最大的玉山子现藏于故宫博物院的"大禹治水图"即为扬州工的杰作；二是受传统文化艺术尤其是绘画的影响大，有很强的创造力，内容也很历史化、艺术化，显得清高。大尺度的黄蜡石山料或子料，都适合做山子摆件。要注意发挥黄蜡石的质、色、形、纹、皮的特点，做到扬长避短，因材施艺，就能获得最佳效果。有实力又有合适玉料的藏家可选择扬州风格。

苏州工，明清时期苏州就有琢玉作坊两百家，工匠近千人。史料记载的玉雕大师陆子刚就是苏州人。苏州工以工巧之极著称，明代的《天工开物》称："良玉虽集京师，工巧则推苏郡。"其特点有三：首先是用料精，玉工对玉料十分珍惜，讲究才尽其用；二是惜料不惜工，在琢玉上追求高、难、精，在磨玉上追求慢工出细活；三是器形好，让人感觉苏州工玉器清新玲珑，别致严谨，非常流畅，绝少败笔。如今苏州玉雕得到块状、蓬勃的发展，已成为我国中高端玉雕产业的半壁江山。能得到衢州黄玉的苏州工挂件、把玩件，肯定会称心如意，锦上添花。福州工，源自寿山石雕刻，以浮雕、薄意和圆雕为主要技法，又分西门、东门、学院派。由于历史上福州远离京城，正统意识没有扬州、苏州强，又是沿海外贸商埠，接受西方、东南亚等外来文化影响较多，同时还受到南方木雕、牙雕、砖雕艺术的影响，当代玉石雕刻、特别是新兴玉种黄蜡石雕刻，更是新人辈出。总的来说，福州工的思想更加开放，技法更具象、写实、对色彩的把握也更准确。用于衢州黄玉的山子、人物等较大型玉器创作是非常合适的。

河南工，以南阳为中心的传统玉器出产地，是中国北方最大的玉器集散地，玉雕从业人员超过十万。因为市场大，产量大，自然存在良莠不齐，既有获"天工奖"的大师，又有大批新入行的技工。近年到衢州创业的河南玉工就不下五十人，他们的特点是见多识广，什么玉料都用过；雕的品种多，大器、小件都见过，强项是传统题材的花鸟人物和动物山水。

衢州城隍庙市场"何玉堂"玉器店的老板何海伟是河南省观赏石协会理事，他认为衢州黄玉是非常好的玉料，优质子料的温润度超过和田玉。他说："一般的大件，会送回河南自己的工场制作，中小件则到福州工加工，每年他付给福州工的加工费就有几十万。"

"京作"，又称北京玉雕工艺，它起源于明清时期，是受苏州、扬州等地的治玉工艺影响而发展起来的。因为主要为宫廷和显贵服务，所以京作用料讲究，工艺精良，造型端庄，纹路严谨，遵循古代的用玉制度。由于北京的特殊地位，京作还汇集各地玉雕之长，具有多样性和包容性，作品庄重而大方，有王者之气。当代京作讲究"图必有意，意多吉祥"，在人物、花卉、器皿方面功底深厚，精致耐看，韵味无穷，仍有宫廷遗风。用高档黄蜡石料雕成的京作摆件，的确是厅堂雅室的一道亮丽风景。

"海派"和"广作"，属于南派玉雕风格，相对于北京、辽宁、陕西、新疆等地玉雕的粗犷和大气，南派玉雕更追求细腻和形象。海派玉雕是上海雕工融合了苏州和扬州工艺形成的一种南派玉雕风格，特点是器型多样，构思巧妙，雕琢精细，作品玲珑而飘逸。广作是指广州一带的玉雕技法，所用玉料广泛、大胆，雕刻的器型以花牌和首饰为主。广作虽然起步较晚，但工艺水平精良，发展速度很快，在全国占有很大的市场份额。

由于当代社会快速发展，各地交流密切广泛，雕刻工具趋向雷同，玉雕技术日益先进，所以现在玉器的雕工上，区域和流派风格逐渐融合，呈现出你中有我，我中有你的状态，各个流派的认定就越来越困难了。

第七节　含苞待放衢州工

"衢州工"，这是笔者第一次提出这个概念。因为在2007年衢州黄玉新生之前，衢州工商局注册玉雕工作室的数字是"0"。之所以敢于提出，是因为在当下玉雕市场上确实活跃着一批喝衢江水长大的年轻人。他们虽然刚刚起步，但勤奋好学，立志高远，认定目标，苦苦追求，终于在各自领域和省内外工艺大师精品大赛中取得好成绩。

毛建林，是衢州城隍庙市场第一个开办黄玉雕刻工作室的人。他早年在上海拜扬州玉雕师为师，学习了海派玉雕的技法。2006年毅然辞去单位保卫科长工作，开始了自己热爱的玉雕事业。八年来，经他手雕刻的衢州黄玉产品上千件，"毛家玉雕"的作品不但在国内多次获奖，还走向美国、英国等地。最近他的事迹编入了国家经信委主编的《中国工艺美术全集·浙江卷》。

宋云锋，经历六年果蔬雕磨炼，于2007年进入黄蜡石雕刻业。先师从浙江省玉雕大师许英，学习花鸟、摆件雕刻，后入中国玉石雕刻大师翁祝红门下，专攻水晶佛像。原本少年气盛的宋云锋，静下心，沉住气，遵照师傅"精益求精，一丝不苟，专注敬业，做到最好"的教诲，终于练出不同凡响的好手艺。他与翁祝红合作的高35厘米、宽25厘米的水晶深浮雕摆件"不动明王"，2013年获中国玉石天工奖金奖。不到而立之年的宋云锋成为第一个获得全国玉石雕刻最高奖项的衢州人。

毛正浩，是手艺精良、眼界开阔、善于共赢的玉雕界复合型人才。他早年学习泥塑，2008年从深圳返乡创办玉雕工作室和"聚贤阁"黄玉商店。八年来，他认真做事，诚实做人，玉雕技艺以山子摆件和手玩件为主，经营上借鉴苏、闽等地经验，生意做得风生水起。他还与云南省玉雕大师林霖铃合作，在龙游县职校开设玉雕班，培训当地玉雕工。县委、县政府授予他"龙游县领军人才"称号，2014年他协助企业家王忠明组建龙游县黄龙玉协会，当选为副会长兼秘书长。他的作品"林语"获得浙江省工艺美术博览会金奖。

张汉彪，既是衢州书画界罕见的石雕大师，又是石雕业少有的知名书法家。四十载砚田笔耕，三十年刀斧根艺，十多年书根石磨合，终于成就了他的水石镌刻。在理念上，张汉彪提出"以石当纸，以刀代笔"在自然完整的水冲石料上写书作画，再配以天然树根为座，既能欣赏美石、美根的自然韵味，又能展现书画的文化底蕴，这就是衢州独有的水石书画镌刻；在实践中，张汉彪凭着一股"只求精奇，不在繁难"的韧劲，解决了石材与题材匹配、刀具与运刀方法选择、根雕配座原则等难题"自己满意，众人赞美"的艺术精品。2014年，他的作品"鲲鹏神姿"获得第四届中国（浙江）工艺美术精品博览会金奖。

杜梦生，1976年生，受父辈老一代知识分子刻苦钻研精神和文艺素养的熏陶，自幼喜爱美术，1994年从业雕刻。他把木雕、根雕、面塑和寿山石雕的技法用到衢州黄玉雕刻上，他的作品连续5年参加中国和浙江省工艺美术精品博览会，获得金奖、银奖多个，2013年获最高的"特别奖"。2014年12月被授予"浙江省工艺美术大师"称号。2015年4月，杜梦生率自己的雕刻团队，参加"第五届中国（浙江）工艺美术精品博览会"，五位雕师送展作品6件，共获金、银、铜奖5个，其中杜梦生创作的山子摆件"空山新雨"获得金奖。同年10月，该团队的郑小强、盛红、周昕等3人被衢州市人力资源和社会保障局评为玉雕技师（国家二级）。

韩建勇，浙江省青年书法家协会会员。16岁拜师衢州篆刻名家汪乐夏为师，作品多次参加全国印社联展。2009年开办自己的黄蜡石雕刻工作室。他把黄玉雕刻与文玩砚台、印章制作结合起来。把传统的书法、篆刻文化注入"硬田黄"。他创作的黄玉印章、篆刻和文玩用品，不是田黄，不输田黄，别有衢州风韵，博得书法美术界的青睐。2014年开始，韩建勇又萌发了让国画山水与黄蜡石雕刻相结合的念想，尝试着用雕刀在浑然天成的美石上作画，流畅的石型，细润的石肤，精致的刀功，勾勒出清丽生动的画面，令人赏心悦目，回味无穷。

吕刚勤，是衢州第一批与黄蜡石为友的团队成员。生性安静、崇尚个性的他自幼喜欢绘画，干过木匠和根雕，2006年开始给美石配座，以独特的构思和精美的做工赢得衢州周边省、市石友的信赖。就在声名鹊起、生意兴隆的2011年，吕刚勤刀锋一转，改攻黄玉牌饰。他吸收明代子冈牌的经典制法，在构思上注重文化元素,在设计上追求个性突破,在雕工上精益求精,形成自己艺术为本,因材施技,以文化物,良工养人的风格,得到同行的称赞和石友的青睐。他的作品颇具古典韵味,散发着淡淡的乡愁,称得上是温润的衢州黄玉与儒雅的衢州雕师的无缝链接。吕刚勤创作的对牌"晨曦",获得2014年新疆"国石杯"玉雕赛的银奖。

郑茜,衢州最年轻的玉雕师,出生在衢江之畔,成长在爱石家庭,聪慧敏捷、敢于挑战是她的特质。2012年,郑茜毅然放弃美术专业本科的学历,拜杨爱精(杭州玉雕厂雕师,有30年工龄)为师,学习衢州黄玉雕刻,很快学到了玉雕的基础知识与技法。2013年又拜海派玉雕大师罗光明为师,主攻南红立体件雕刻。三年学艺使郑茜从一个单纯的爱石女孩,成长为掌握传统技艺、有独特见解的青年玉雕师,目前已是全国著名的罗光明玉雕团队的专职雕刻师。她手下的花鸟鱼虫清新灵动、唯美浪漫,既体现传统玉雕功底,又符合当代审美需求,得到了顾客的一致称赞。

王忠明,衢州市著名企业家、中国印章行业协会副会长、衢州市收藏协会会长。2011年创办浙江善和坊玉雕有限公司,主营衢州黄玉产业。他起步虽晚,但注重起点,联合中国玉雕协会多位国家级工艺美术大师,把衢州黄玉奉为国之魁宝来开发。秉承"制作为首,精雕细刻,艺术之巅,人文之精"的理念,以独创新颖的创意和精湛纯熟的技艺,推出了黄玉山子、器皿、佩饰、把玩、文玩和印章等产品。2012年实现销售1900多万元,成为华东地区黄玉销售的第一品牌。2014年6月,由他领军的龙游县黄龙玉协会宣告成立。目前,王忠明正在全力打造有深厚文化底蕴的"中国印"系列产品,他创建的有3000平方米面积的龙游科力文化艺术博物馆将在2016年5月开馆。

邵新龙,是衢州玻雕龙头企业海龙玻雕公司创始人。他从业35年,不仅有出众的玻雕技艺,还获得国家专利109项。2013年邵新龙认定黄蜡石发展前景,雄姿跨入黄蜡石产业,不仅亲自设计产品系列开发,斥巨资大量收购精品黄蜡石，还联合国内众多玉雕高手开发出一批高端玉石艺术品，先后在衢州、杭州等地黄金地段，开设了2000平方米的黄玉博物馆。最近，他又组建了浙江美昌艺术品股份有限公司，申报成立"中国黄蜡石产业协会"，建立"中国黄蜡石文化产权证券交易中心"等组织，意在促进整个黄蜡石产业的转型升级。邵新龙不愧是衢州市对黄蜡石投资最多、规划最大、愿景最远的企业家。

以上10位仅是笔者接触的土生土长的衢州人，还有杨爱精、何海伟、赵纤彭、李有强、李东东、李瑞春等一大批从河南、陕西、福建、广州和本省各地来衢州安家创业的玉雕界人士，不论他们的原籍是何处，在衢州的30多家玉雕工作室、100多名玉雕师，都已经把衢州作为创业基地，把衢州黄玉作为主要当家玉种来经营，玉雕的门类覆盖了人物、山子、花鸟、器皿、玉饰、把玩、挂件、印章和文玩用品等中国传统玉雕的大部分。就像上海玉工融合扬州工、苏州工技法后形成海派玉雕风格一样，他们根据衢州黄玉的不同品种、客户的不同要求，来决定相应的风格和技法。既可以一个作品为单位，采用一个技法；也可以一个作品采用多种技法；还可以用苏州风格设计雕刻、用福州技法打磨抛光……相信长久下去，终将形成适应衢州黄玉性质，具有浙西风格的真正意义的"衢州工"。

第七章　衢州黄蜡石的收藏

第一节　收藏的意义

赏石文化是中华民族传统文化的重要组成部分，它与书法、山水画、武术、中医等共同展示中国古典的文化底蕴。早在秦汉时期，奇石就成为皇家园林的点缀。魏晋南北朝时期，私家园林逐渐普及，促使观赏石从园林中独立出来，开始单独为奇石命名。到唐代，奇石已从假山石中分离，出现了厅堂石、供石、把玩石，白居易写出第一篇真正意义上的赏石文章《太湖石记》。到了宋代，收藏小型供石、画面石的人渐多，身在杭州任官的苏东坡把藏石视为"希代之宝"。而真腊国（古柬埔寨）给明朝皇帝进贡奇石的就是黄蜡石。精品奇石自古是人们的最爱。

当代，随着我国经济社会的快速发展，人民生活实现了由温饱到总体小康的历史性跨越。中国已成为世界上最大的艺术品收藏市场。赏石、藏石活动已从上层社会和文化精英阶层进入寻常百姓人家。黄蜡石以其特有的"五性"得到人们的认同：一是天然不可复制性。黄蜡石是大自然赐予衢州人民的宝藏，是天设地造的原生态作品，是任何人工物品无法比拟的。每一块黄蜡石都有自己的长相，是不可复制的孤品。二是资源稀缺性。黄蜡石资源有限，值得收藏的精品更少，尤其是保护生态、禁挖河砂之后，市场上的子料黄蜡石难得一见。资源稀缺决定了黄蜡石收藏的巨大增值潜力。三是收藏耐久性。黄蜡石不仅有田黄一样艳丽的色彩，而且硬度、密度远胜于田黄，更比字画、瓷器易于收藏。只要不是强力破坏，可以世世代代流传下去。四是欣赏文艺性。作为赏石文化，它是一门发现的艺术、表达的文化，仁者见仁，智者见智，可以发挥想象空间。

收藏其实也是一种生活方式，收藏黄蜡石是人生的体验和再学习。黄蜡石本身承载着远古的历史和文化，承载着艺术审美和工艺传承，石界的朋友来自不同地域、不同层面，与他们密切接触和交往，你就拥有别人难以享受的精神财富。收藏能给人带来无穷的乐趣，可以让人忘却人生的烦恼。这里有寻觅之乐，无论在江边沙滩，在周末一条街，还是在石友的藏室之中，相石寻宝的过程就是在希望之路上奔波的过程，追求的就是过程的快乐；这里有收获之乐，每块石头都有自己的故事，每件雕品都凝聚着许多人的智慧和汗水。每当收到心仪的石品，喜悦的心情难以言表；这里还有把玩之乐，收到满意的藏品固然令人欣喜，一个人静静地"孤芳自赏"，可以达到外适内和，体宁心恬的境界，然而与人共享更是其乐无比，是自荐，还是他评，就是争得面红耳赤又有什么关系。

人们在市场经济的社会生活中对物质利益的需求，对获得理解和尊重的需求，对真善美的追求，在黄蜡石收藏中都能得到满足。黄蜡石成为最适合投资收藏的高档藏品。

第二节　观赏石的收藏

收藏黄蜡石，人们肯定有不同的价值取向，有的人特别喜爱某个品种，有的人是游览四方后为了纪念，有的人是专门为研究探索做学问，还有的人就是为了奇货可居……我们认为收藏观赏类黄蜡石，应该坚持"四个有"。

一、有明确方向，不"全面出击"

黄蜡石人见人爱，市场上精品也不少，但不可能都收归己有。要与自己的爱好和财力相结合，有清晰的收藏思路。

　　黄蜡石品种很多,要明确自己的收藏方向,选择当家品种和收藏主题,突出自己的收藏风格。是大中型观赏石,还是小品组合;是追求大数量,还是定位于上档次,力争在某个品种、某个主题在地区范围内有一定的影响。这些问题应该在收藏之初就考虑清楚。否则,看到心动的石头就想买,每个品种都有一点,家里变成"百货公司"和"超市",永远达不到精品"专卖店"的品位。

二、有精品意识,宁缺毋滥

　　观赏石收藏只有精品才具有收藏价值。什么是精品? 应力求形、纹、质、色、韵兼备,黄蜡石有"形"才会有"神",有"纹"才会出"彩",石形、石纹各个组成部分比例恰当和谐,关键部位神韵毕现,有画龙点睛的作用,能很好地突出主题,这是形或纹好;细腻,具有油脂光泽、蜡质光泽者为好,没有包浆、无光泽者较差;

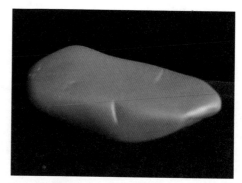

图7-1　糯糕
石种:胶蜡　尺寸:8×4×1.8　出产地:衢江
收藏人:叶凡

再者,色泽要好,色本无好坏,观赏石的色以古朴、鲜亮、稀有为好。藏品观赏石要求"完整",没有人为破损,追求完美也是精品的重要原则。(图7-1)

三、有文化内涵和时代特征

　　传统的中国赏石有典型的中国文人借物抒情、追求意境的特点。一方黄蜡石能表达诗意和画意,有深刻的内涵和深邃的意境,可以因石产生联想、寄托情感,进行深度文化开发的当然是上品。如果有历史价值、纪念意义,更是精品。

　　由于历史年代、科技水平的局限,古人赏石讲究"瘦、绉、透、漏",而现代人赏玩观赏石就应在继承传统赏石观的基础上有所发展。黄蜡石鉴赏更应该突出"色、质、形、纹、韵"的标准,如冻蜡的"金印"、"刀砍"、"鸡爪"等各种印纹石;胶蜡的子料、五彩、图纹和画面石;晶蜡的蜡质石肤和各种筋络网纹石等。

四 有社会交流,真正以石会友

赏玩观赏石不能仅是简单的个人行为,而是个人融入社会群体的一条渠道。现在有的黄蜡石爱好者存在"重收藏,轻交流"现象,他们对藏品"只进不出"或"只藏不露"把大量优质黄蜡石藏在家中,自己不学习研究,又不愿意让人家欣赏,实在是浪费了资源,愧对了宝藏。其实寻觅、收藏和交流是黄蜡石赏玩的必要过程,这个过程需要命名、题诗、配座、参展、评比、推荐,需要展示藏品,与人交流,包括与资深收藏家交流,与地质专家交流,与文学艺术家交流,这样才能实现"与石为友,以石会友",才能达到增长知识、快乐自己的目的。也只有通过这个过程,才能够提高黄蜡石的社会认知度和藏品的保值增值价值。

第三节　料石的收藏

料石收藏这里专指以雕刻为目的的收藏。对那些有料又有型的原石,包括非常完美的子料、把玩料本身就是不可多得的观赏精品,我们已在前节做过阐述,本节就不重复了。

料石收藏的三个原则:

一是精品为主。要树立"两个百分之一"的观念,即在整个黄蜡石储量中,可用作玉雕的料石不到百分之一;在所有黄蜡石料石中,收藏级的料石不到百分之一。只有收藏级的料石才有较大的保值增值空间。这方面可以借鉴翡翠、和田玉的经验,要有"只要买的对,不惜价格贵"的魄力。要坚持质地、颜色并重的标准,玉化度应在三分以上,颗粒直径要在0.001毫米以下、越细越好,纯净度越高越好。颜色以黄、红为贵,其他颜色也可各取所需,关键是色要"正"(没有其他色调)、"阳"(明亮)、"浓"(饱和度适中)、"匀"(分布均匀)。(图7-2—图7-4)

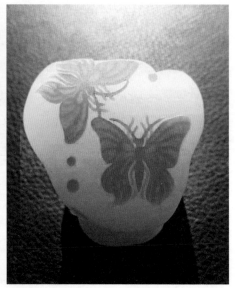

图7-2 胶蜡"乌鸦皮"
石种:胶蜡 尺寸:10×8×4.5
出产地:江山港 收藏人:沱沱

图7-3 蝴蝶
石种:胶蜡 作者:赵纾彭 收藏人:胡晓明

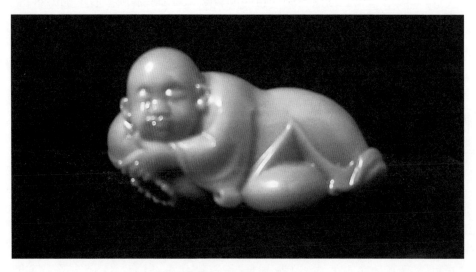

图7-4 童子
石种:胶蜡 尺寸:8×5×2.5 出产地:衢江 收藏人:张梅珍

　　二是明料为主。藏品应该选知根知底、开门见山、货真价实的明料。因为黄蜡石结构的复杂和多变，仅看料石表面的颜色、质地和纯净度是不够的，特别是遇到价位很高又看不清的料石，就是玩石多年、资质很深的专业人士也难打保票。最简单的办法就是与卖家协商，"开窗"验货。这样卖家卖得明白，买家买得放心，保障了双方的利益。近几年，衢州、龙游等地政府和协会举办的黄蜡石精品展赛，以拍卖会、公盘交易等形式，集聚精品，同台亮相，明码标价，规范交易，在石商、石友与藏家之间架起新的桥梁，受到人们的欢迎。（图7-5—图7-7）

　　三是个性化发展。黄蜡石品种很多，市场上好的料石也不少，藏家应该根据自己的实力和爱好选准收藏的方向。喜欢把玩件、挂件和饰品的人，一般收

图7-5　红冻
石种：胶蜡　尺寸：14×8×3　出产地：衢江　收藏人：沱沱

图7-6 开窗料
石种：胶蜡 尺寸：15×12×4.5 出产地：衢江
收藏人：叶凡

图7-7 水料手镯
石种：胶蜡 出产地：衢江
收藏人：宋鸿恩

藏1000克以下的子料。这种料色泽稳、油性足、成功率高，还容易出精品雕件。钟情于山水摆件的朋友，可以收藏大块山料或山流水料，这种料石质地和颜色都比较明朗，而且价位不高，缺点是温润度略逊于子料。对俏色雕有兴趣的，则可收藏带皮的多色或多层的料石。黄蜡石多见"黄皮红肉"、"黄皮灰肉"、"黄皮白肉"、"黄皮黑肉"的料石，俏雕成山水、人物，别具特色。有层纹的料石也可制作印章、砚台等精致文玩。

在黄蜡石各种品种里，也都有值得收藏的料石。冻蜡要把握少棉、少裂的；胶蜡要以玉化温润为重；细蜡要选细密均匀的；梨皮蜡则以微透不裂为标准，以仿生色选料，如黑梨皮可雕甲鱼、鲶鱼，红梨皮可雕制龙虾、"紫砂壶"等。

由于人类本身具有赌徒心理，把"一刀哭，一刀笑"也作为玩石的乐趣，那就真的要比试眼力了。根据笔者和石友多年的实践，提高认识料石的成功率有以下三句话。

收藏料石的"三句话"：

看整体，"细皮嫩肉"比"歪瓜裂枣"更好。捧起一块料石，首先要考虑的是"英雄出自何处"，因为不同的河流，甚至同一条河的不同河段出产的黄蜡石都是有差别、有各自特点的。知道料石出产地，心里就先有了底数。然后再通过眼看、手摸去感受料石的整体表现：料石的颜色以深黄至棕褐色为上品，栗色、艳黄也不错。要求色相纯正、均匀，有散状黑斑点、俗称"老年斑"的更好；石肤（石皮）要平滑、细致、匀净，没有大的裂痕。如果有人工打磨的痕迹，会影响玉雕的"留皮"工艺，应该扣分；玉化度要适当，过高说明密度不够，过低则油性不足，用强光电筒贴住石肤，光环宽度应在0.5厘米以上；石纹和瑕疵要少。石纹是黄蜡石形成过程中，因多次叠加凝聚而成，有"水纹"和"砂线"之分。平行的水纹对玉质影响不大，但砂线尤其是贯通的砂线就是瑕疵，它与砂眼、石钉、裂口和扭曲横生的石纹都是优质料石的大忌。这就是业内人士说的"细皮嫩肉"比"歪瓜裂枣"更好。

看局部，有"窗"比没"窗"更明。由于外界的浸染，大多数黄蜡石都包裹着一层或薄或厚的石皮，虽然只有一张纸的厚度，但再强光的电筒也难以穿透。最直观的办法是寻找"窗口"，最好是新的创口。料石在自然运动和人工采挖过程中，可能会出现大的裂痕和碰撞的伤口，这些就是观察内部质地的最好"窗口"。从中可以看到料石的真实颜色、玉化程度和颗粒粗细。如果没有明显的新"窗口"，则可以寻找老伤口，虽然颜色已被岁月覆盖，但颗粒粗细和玉化程度仍能看得明白。再没办法，可以观察石皮的最薄处（一般在水冲方向的正面）或料石表皮的包状凸起部，也可隐约看到内部的颜色和质地。要提醒的是，现在有的石商为了促销，人为开窗，在料石最好的部位打一两个浅浅的小孔，以此证明是好料。其实这个"窗"只能代表局部这个点和这个深度层面，我们切不可想当然地"以点带面"，以一斑而窥全貌。即使这个点好，也不代表整个料石都好。

看个头，小型料比大型料更稳（图7-8）。因为黄蜡石生成于花岗岩的裂隙中，其矿脉的厚度在5—40厘米之间，而且在一层料矿脉中，好的皮壳料往往只有几厘米，经过千万年的风化和长距离的水流搬运，料石的个体都不大。市场上常见的子料一般都在2公斤之内，最大的山料也不会超过100公斤。按照氧

图7-8 一堆子料
收藏人：范水清

化转色和浸润染色的规律，小型料石转色染色作用更充分，接受水的优化作用也更彻底，因此颜色更好、更牢固，质地也更温润。实践也不断证明，如果小子料的成功率是百分之七十的话，大型料石的成功率不会超过百分之四十。当然，如果从收藏价值考量，质量相同的料石，体量越大越难得，价值势必更高，还是物以稀为贵。

第四节 雕件的收藏

原料材质的优劣、制作工艺的精细程度、造型的艺术神韵和作者的知名度，是评价黄蜡石雕件收藏价值的四大要素。有收藏价值的雕件藏品可分四类：

一、材质型藏品

就是用高档黄蜡石材料制成的作品，以色、质俱佳的极品黄蜡石为雕刻材料，有的仅凭其材质之美就足以使人着迷而卖出高价。这类雕件的工艺价值与原料的价值比较起来，常常被忽略不计。工艺价值虽然不占主要地位，但也不能拖了整件作品的后腿（石质不均匀，可能局部特别好，皮肉色差大等特性，仍要求精工细做）。现在市场很热门的子料把玩件和无字牌就属于这一类。子料把玩件不用雕琢，或仅在瑕疵处稍作雕刻，再打个牛鼻洞，系上绳子就可挂在腰间。而无字牌又称"平安无事牌"，只要切好牌型、抛光六个面就好。这类作品主要展现料石的珍贵，其价值往往超过一般的雕品。（图7-9—图7-11）

二、工艺型藏品

是指制作技艺精湛和难度较大的作品，与材质型精品相反，重在于雕工，

图7-9　三牛图
石种：细蜡　尺寸：22×16×8　出产地：衢江　作者：福州工　收藏人：王忠明

图7-10　乡愁
石种：胶蜡　尺寸：13×6×16　出产地：衢江
作者：福州工　收藏人：张巨清

图7-11　思绪
石种：胶蜡　作者：赵纾彭
收藏人：胡晓明

原料则适用即可。料石的价格与工艺价格相比,工艺价格往往高于料石价格。制作技巧的难度、工艺的复杂程度是这类藏品的主要价值所在。但是,由于用工成本高,货主也不会滥用太差的原料。从雕刻师方面分析,好的雕工一般不愿意接受"三等"原料。这类作品的料石质地一般会在中档以上,否则制作者就不肯投入这么大的工费,所以这类藏品的原料价值也常是雕件价值的重要组成部分。(图7-12、图7-13)

三、艺术型藏品

指的是以艺术价值为主要追求的藏品,当然以艺术感染力的强弱作为衡量作品价值的主要依据。在这里,用什么材料是根据艺术性需要的,只要能体

图7-12 惠安女
石种:山料 出产地:保安
作者:廖光勇

图7-13 红叶书香
石种:胶蜡 出产地:衢江 作者:吕刚勤

现艺术上的完美，用什么材料都可以。例如荣获2012年广东省"玉魂奖"银奖的作品《石破天惊》，它所用的原石是一块裂痕累累的烂石头，但是在中国收藏家喜爱的玉雕艺术大师张焕学的眼里，"烂石头"变成了宝贝。他把四大名著之一西游记的"悟空出世"典故引入其中，把碎裂的痕迹想象成石猴出世前的拼搏，又恰到好处地利用了局部的红色，加深了挣脱蹦出的瞬间动感，实现了形、裂、色的巧妙结合，成为艺术型藏品的经典之作。（图7-14）

图7-14　仙女下凡
石种：胶蜡　尺寸：15×12×4　出产地：衢江
作者：福州工　收藏人：王忠明

四、著名玉雕师的精品

现在一般人都认为优质黄蜡石是稀缺资源，其实好的玉雕人才同样是稀缺的。据资料显示，目前我国健在的国家级工艺美术大师（包括各类雕刻大师）仅有300多位，省级工艺大师多一些，但也不到从业人数的百分之一。从学徒到大师，一般要经历一代人甚至几代人的努力，大师确实是国家的宝贵财富。所以大师作品的工费高一些是符合市场规律的。然而，大师也有自己的专长，有不同的风格，有不同的情绪，有不同的用心，我们不能要求大师的每件作品都是精品。从藏家和消费者的角度看，著名雕刻师的作品是值得收藏的，但是最理想的是选出令雕家心动（有创作激情）的料石，收藏到能代表雕家风格的精品。（图7-15、图7-16）

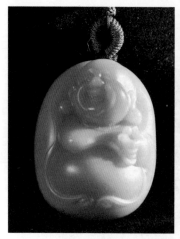

图7-15 快乐弥勒
石种:胶蜡 出产地:衢江
作者:侯晓锋 收藏人:方向明

图7-16 天山牧场
石种:胶蜡 作者:杨爱精 收藏人:许诺

第五节 收藏的注意事项

我国目前的收藏市场十分复杂,古董、字画真假难辨,邮票、钱币发行量太大,传统的珠宝玉石连年涨价,一般百姓难望其项背,很多人把收藏的目光投向黄蜡石及其雕品。然而,由于黄蜡石尚未取得藏品市场的主流地位,没有建立公认的评估标准,盲目收藏势必造成经济上的损失。根据笔者的实践和石友的经验,收藏黄蜡石不仅要有爱石、懂石、惜石的情怀,还要具备眼力、财力、魄力、机遇几个条件。具体还要注意以下几点:

第一,要学习有关黄蜡石的基础知识。包括历史文化、地质物理、工艺美术和市场经营等方面,赏石艺术本身就是一个发现的艺术,眼力是可以创造财富的。有理论指导的收藏,可以把握大的方向,可以少走弯路,还可以提高收藏的品位。

第二,要多实践、深研究,实践出真知。玉雕界有句名言"神仙难断寸玉"。

黄蜡石的结构比软玉和翡翠复杂多了，观赏石的评价更是仁者见仁、智者见智。收藏黄蜡石应该多听石友的意见，尤其是不同己见的意见。新手更要多看、多听、少买，最好要拜个老师，用师傅带徒弟的形式学习，能较快提高收藏水平。

第三，要克服"捡漏"心理。价值决定价格，价格不一定体现价值。以低的价格买到高价值的东西，而且价值远远大于价格，就是珠宝、玉石界讲的"捡漏"。在黄蜡石市场确有捡漏现象存在，因为阅历、视野、兴趣的不同，人们对同一块石头，会有不同的评价，由此产生价格的差异。但是在收藏界，精品都是公认的，"只有买错，没有卖错"是常理。我们能用合理的价格，甚至稍高一些的价格买到就心满意足了。如果一味想着"捡漏"，许多好石头就会与你失之交臂。

第四，要有足够的耐心。体现在两个方面：一是市场上值得收藏的精品并不多，不要想在短时期收藏很多的藏品，不是有钱就能成为有品位的藏家。要有寻找追求精品的耐心和恒心；二是对藏品的升值要有耐心。黄蜡石是古代名石、当代新玉，所以她的社会认知度和美誉度会有一个较长的过程，要耐得住寂寞，有长线投资的准备。

第五，收藏的目的不仅是物质的。黄蜡石收藏既是个很好的投资项目，更是一种高尚的生活方式。美国著名心理学家马斯洛提出，人的需要有五个层次：基本需要、安全需要、社会需要、尊严需要、自我实现需要。其中物质利益的需要（含增值目的）满足后，精神需要就会凸显出来。收藏黄蜡石可以亲近自然、回归自我，可以锻炼体魄、愉悦身心，可以比德于玉、修养性情，还可以培养爱心。

第八章　衢州黄蜡石的前景

第一节　衢州及周边市场

一、衢州黄蜡石市场

衢州位于浙江、福建、江西、安徽四省交界地带,自古就是兵家和商家必争之地,建城1800多年,是著名的龙游商帮发祥地和徽商的发展地,素有"四省通衢"之称。1985年恢复省辖市,现辖柯城、衢江、龙游、江山、常山、开化六个县(市、区),全市人口258万。2014年全市有商品交易市场201家,成交额437亿元,其中消费品市场成交额287亿元,生产资料市场成交额150亿元。建有衢州农贸城、衢州粮食市场、衢州柑橘市场和衢州上洋专业市场等一批全国有影响的大型市场。

自21世纪初广东、云南掀起黄蜡石、黄龙玉热潮后,华东的钱塘江、信江、赣江、皖江流域也相继发现优质黄蜡石资源。处于地理中心位置,又交通便捷的衢州,自发的黄蜡石市场应运而生,2006年开始,经营古玩为主的衢州城隍庙市场,全面转行以黄蜡石为主。2008年城隍庙市场旁边的新马路形成双向200米长的周六黄蜡石一条街市场。2010年,附近的真诚旅馆、风华旅馆形成有60个标间、120个床位的黄蜡石旅馆市场。同时形成的还有与销售市场配套的黄蜡石切割、雕刻、配座、包装等服务性行业。据不完全统计,仅衢州市区就有黄蜡石商店60家,黄蜡石经纪人120多人,黄蜡石雕刻工作室30个,黄蜡石配座(包装)工坊12个,全市黄蜡石爱好者数千人,其中有一定规模的藏家也不少。

　　衢州城隍庙黄蜡石市场，位于衢州古城文化产业集聚的新桥街，开业于2005年，起初以古玩为主，2007年以后多数业主转营黄蜡石，三纵三横的方形市场内，共有店面70多家，除部分古玩、字画店外，经营黄蜡石的有38家，衢州市区的黄蜡石商店大多在这个市场及周边的街巷，少数商店分布在市区其他地方和衢化街道。衢州的黄蜡石店一般只有一间店面，营业面积20—30平方米，设置有电脑桌、接待台和展品橱柜，分观赏石、雕件和料石展出，店主或营业员长年驻店，早九晚五每天开门，如有客户相约，晚间也会开门待客。

　　衢州周六黄蜡石一条街市场（图8-1），位于南孔氏家庙西边的新马路，前身是四省毗邻地区有名的古玩一条街，每到周六，来自华东乃至全国各地的古玩商会连夜占位，摆起地摊，供求双方会打着手电，在凌晨的夜色中交易，所以又被称为"鬼市"。2009年以后，黄蜡石成为一条街的主人，四省周边九市的石

图8-1　衢州城隍庙市场

图8-2　龙游石展开幕式

商石农石友每周到此赶集,最兴旺的时候,街市长达200米,来人超过500多,一天成交额就有几十万元。(图8-2)

　　衢州旅馆黄蜡石市场,位于环城东路中段的真诚旅馆和风华旅馆,距城隍庙市场和一条街市场不到200米。旅客的主体是来自衢州周边的江西、安徽、福建及省内金华、丽水、绍兴等地的石商、石农,原本赶周六一条街集市的他们发觉,许多衢州石友觅石心切,在周五就到旅馆里等着看货,加上旅馆的老板也很大度,允许石商石农在标准间的床上摆放石头,由买方一间一间地浏览选择,买卖双方在旅馆就能成交,何乐而不为。久之就约定俗成、固定成市,只是交易日期不断提前,目前定在周二下午至周三上午。(图8-3)

　　黄蜡石经纪人,自称"石贩子",都是有多年实践经验的玩石人。多数以买卖石头为生计,也有附带兼职的,可分三种类型:平稳型,平日在本地或附近出

图8-3　衢州黄蜡石旅馆市场

产地捡石、购石，偶尔也去旅馆市场掏宝，有利润即可，又称"以时间换效益"；专供型，活动范围大，销售对象少，主要靠收购外地的精品供给固定的买主，收取地域差价，又称"以空间换效益"；智能型，文化基础较好，又注重自身素养的提高，会参加专业培训学习，能运用互联网技术发现信息，实现销售，又称"以实力换效益"。

衢州黄蜡石雕刻，是伴随黄蜡石市场发展而起的新兴行业。目前全市有黄蜡石雕刻工作室50多个，从业人员近200人。市区雕刻工坊相对集中在新桥街城隍庙市场周边。衢州雕刻工由两部分人组成：外来创业者包括福建、陕西、河南和杭州等地，既有二三十年工龄的老师傅，也有转战福州、苏州、广州、云南等地的年轻人；本地玉雕师则是清一色的年轻人，他们热爱家乡，衷情黄玉，认定目标，勤奋好学，不断成长。衢州的黄蜡石雕刻虽然起步较晚，但雕刻的种类已覆盖传统玉石雕刻的各种器型。各工作室都有自己的目标追求，有的以山子、摆件为主，有的擅长把玩件、挂件，有的专做牌饰，还有的主攻印章、文玩，都有鲜明的个性特色。衢州黄蜡石雕刻的收费价位比较合理，省级工艺美术大师、市级工艺大师、一般技师级玉雕师，都有自己的收费标准，按技定价，以质论价，供求双方可以商量。

衢州的黄蜡石配座业也比较发达，仅在市区就形成城北、城中、城南三个区块，共有配座专业工坊10多个，从业人员50多人。衢州底座有衢州精品式、东阳木雕式、根雕配座式等多种款式，深得本地和周边省市石友青睐，名气大的配座工坊要预约登记，往往要排队等候几个月甚至半年以上。

二、衢州周边黄蜡石市场

金华市场，位于市区飘萍路，又称"古子城市场"，与八咏路古玩市场相邻，有50多家商店和雕刻室，每到周六、周日有数百人地摊市场，主要销售黄蜡石、南红、琥珀、古董和根艺杂件等工艺品。卖家来自华东、华南及河南，买方以当地及周边为主，也有上海、江苏及两广的商客。金华有多个社团协会研究黄蜡石，最活跃的是2014年成立的金华玉协会，有300多名会员，经常与珠宝玉石行业联办黄蜡石及雕品的展会和拍卖活动，着力推动黄蜡石进入高端消费市场。

兰溪市场，形成于2009年，位于城关人民南路步行街，有商店20家，雕刻工坊近10个，周五、周六有早市摊位30多个，卖主以当地人居多，买主来自周边市县。黄蜡石市场在兴旺几年后有所萎缩，兰溪市政府于2015年采取扶持政策，在解放路打造"黄蜡石精品一条街"，把66间国有店面以优惠价租给诚实守信的石商。9月又举办"兰溪市第一届黄蜡石精品博览会"，向中石协申报了"中国观赏石之乡"，下一步还要建设"浙江省黄蜡石特色小镇"，黄蜡石市场又有复兴态势。

义乌市场，位于绣湖西路的义乌市收藏品市场，有经营黄蜡石的商店30多家,雕刻室10多个,逢周六有黄蜡石古玩集市有300多个摊位。卖家来自衢州、金华、丽水和江西、安徽等省,买家以当地人为主,也有来自东部的上海、杭州、绍兴的石友。义乌市观赏石协会成立于2007年,有会员148人,每年举办观赏石文化博览会,会刊是《义乌赏石》。

嵊州市场,分布在城东医院路的花鸟市场等处,有商店20多家,雕刻工坊4个、雕工10多名,其中市级以上雕刻师5人。早在20世纪90年代,嵊州石友就在剡溪流域发现黄蜡石水料,2003年以后又发现散布在西部山地的山料,嵊州还出产木化石和禹余粮(空响石)。有120名会员的嵊州市观赏石协会成立于2005年,经常组织活动,具有较高的赏石水平,2009年出版书籍《嵊州藏石》。"嵊州市黄蜡石精品展"两年举办一次。

缙云市场,在仙都风景区,称"仙都玉石文化一条街",有26个摊位,每天营业,在城关330国道沿线还有专营商店若干家,全县有雕刻工坊12个,有市级及以上雕刻师3人。缙云出产特有的火山球石,黄蜡石不仅有水料,还于2011年在舒洪镇发现优质山料,取名"仙都丹玉"。有200名会员的缙云县观赏协会成立于2008年,每两年举办一次赏石精品展,建有缙云观赏石网,2013年出版书籍《缙云赏石》。

丽水莲都、云和市场,莲都黄蜡石市场在油泵厂内,有20多家店面。云和市场在丽龙高速公路云和出口处的"云和根艺石艺城"。市场规模较大,经营观赏石、料石的商店有20家,品种以当地出产的小顺石(地开石、叶蜡石范畴)为主,兼营丽水各地产的黄蜡石。丽水市根艺石艺美术学会成立于1987年,有会员300人,会刊《丽水根艺石艺》,2012年出书《丽水根石艺术》。"中国丽水根艺石艺精品博览会"每两年举办一次。

松阳市场,有浙南玉石文化城和松阳玉石文化城两处,分别有黄蜡石商店30家和12家,有雕刻室5个、雕刻师10多人。松阳地处江山—绍兴大断裂带中段,矿产资源丰富,有黄蜡石、珍珠蜡、七彩玛瑙的山料和水料。县观赏石协会成立于2008年，会员112人。协会每年都要组织当地石友参加"丽水市文化精品展"，到深圳、武汉、义乌等地展出。

浦城市场，是闽北知名度较高的黄蜡石市场，位于县城古玩街，又称奇石街。有店面10多家，雕刻室5个，周六有奇石早市，经营本地出产的黄蜡石。山料发现于2006年，有"武夷山料"、"樟元山料"，水料名称南岸玉、浮盖山玉，观赏石有武夷红、武夷青等。浦城县有收藏家协会和观赏石协会，不定期举办石展和主题鉴宝活动，经常组织石友外出交流和参展。

鹰潭市场，是江西省最活跃的黄蜡石市场群，三大市场分别位于市区古玩街、余江县的国际商贸园和月湖区的铜锣湾。共有黄蜡石店312家，其中古玩街16家，国际商贸园156家，铜锣湾市场140家，业主来自华东四省。鹰潭市区有玉雕工作室82个，从业人员200多人，其中市级以上玉雕师19名。协会组织有鹰潭市赏石文化协会、鹰潭市黄蜡石宝玉石商会和江西省工艺美术学会黄蜡石专业委员会、鹰潭黄蜡石协会等，他们在当地政府指导下，举办展会，活跃市场，建立网站，扩大宣传，推动了黄蜡石产业的发展。

上饶市场，有位于水南街的观赏石市场和上饶县武夷山大道的天一赏石文化市场，共有商店80个，摊位150个，雕刻室12个，市级及以上雕刻师3人。当地出产的水料称"信江黄蜡石"。周末市场有卖方200人，买方600人，本地买家居多。上饶市赏石文化学会成立于2013年，有会员168人，出刊物《上饶观赏石》，办有上饶市赏石文化学会官方网站，每年举办上饶市赏石文化节或赏石博览会。

赣州黄蜡石市场，坐落在市区东部赣县的客家文化城，又称"客家博物院"，是有260间店铺、集黄蜡石销售、加工、包装为一体的大市场。周日还有100多个摊位的一条街集市（有棚）。赣州山料、水料资源丰富，分布在赣江流域上千公里的兴国、寻乌、崇义、赣县和全南五大片区。2015年1月成立的江西省根石艺美术协会黄蜡石专业委员会，有会员150人，出版书籍《我的奇石我作主》。2015年3月举办"中国赣州首届黄蜡石、奇石文化博览会",观展人数号称10万。

黄山市场,位于黄山市黄山区玉河商业街,名称"黄山玉石一条街"。每周六有数百的集市。有40多摊位,有5个雕刻室、从业人员32名,其中市级及以上雕刻师5人。当地产山料称黄山蜡石,水料名为"黄山玉"、"太平宝玉",还出产太湖石、鼓钉石和水晶。黄山奇石协会成立于2005年9月,有会员108人,每一两年举办黄山奇(玉)石展,2013年出版大画册《黄山玉石》。

第二节　衢州发展黄玉产业的优势

衢州发展黄玉产业有四大优势:

一、有优越的地理区位优势

衢州位于浙闽赣皖四省九市的中心位置,又是黄玉出产地的中心区块。据地理地质条件分析,黄蜡石有三条成矿带,北线沿黄山山脉,由西北向东南走向,中线依德兴、玉山、常山一线向衢州方向,南线由浦城、江山到衢江,延伸到武义、缙云,以衢州为中心,半径250公里之内的绍兴、金华、丽水、建阳、上饶、鹰潭、景德镇、黄山等市的30多个县都产黄玉。黄玉原石作为笨重商品,不便远途运输,单程2个小时的路程是比较合适的,这也是近年衢州市场得以自发形成的重要原因。另外,消费带动市场,衢州属于经济发达、市场活跃的浙江省,背靠长三角大城市群,黄玉有更广阔和深远的消费市场。(图8-4)

二、有优质和丰富的资源

在我国黄玉出产地中,论产量,衢州可能不是最大的,但论质量肯定是最好的。由于衢州由海成陆的时间早,山料经过水流搬运的距离长和籽粒在红黄壤丘陵盆地中沉积时间长等原因,衢州产的黄玉,除具有一般黄玉的田黄般的色泽、翡翠般的光亮外,更诱人的是像和田羊脂玉般的细腻和温润。衢州黄玉的质地和色泽十分稳定,比其他出产地的都好。这不仅是衢州人的自我认识,

图8-4 常山石博园签约仪式

而且是专家在专著中肯定的,并得到市场的普遍认同。衢州黄玉不仅品质好,而且品种很多,为黄玉和雕刻提供了广阔的空间。

从远景开发看,衢州黄玉也是充满希望的。根据资料分析,全国现有三大优质黄蜡石产区中,"台山玉"开发的较早,地域范围又不大,水料和山料资源的开发都比较充分。"黄龙玉"经过前几年的运作,优质资源大量流出,当地已少有精品子料出水。唯有"衢州黄玉"起步较晚,虽然目前没有发现成型的山料矿区,但露头的矿点还是不少的,江山、缙云的山料质量都很好。何况还有附近四省九市三十多个县10万平方公里产区做资源后盾,做大做强衢州黄玉产业具有得天独厚的条件。

三、有深厚的文化积淀

爱玉、重玉、藏玉是中国的传统文化。一部玉器发展史,甚至就是中华文明的发展史。作为古玉,衢州黄玉与中国古玉同龄,源于新石器时代,在龙游青碓

图8-5　孔氏南宗家庙
摄影：汪剑弘

遗址中就出土过人工打磨的黄玉。最近我市又发现了四千年前古人用黄玉制作的玉器佩饰。作为当今新玉种，衢州黄玉虽然刚满6岁，但已得到专家的充分肯定和人们的普遍喜爱。衢州又是南孔圣地，孔子主张玉有九德，君子比德于玉。衢州人弘扬儒学传承礼治思想，与黄玉的温润细腻性质一脉相通。(图8-5)

四、有宝贵的市场先发优势

在华东地区，尤其是浙闽赣皖四省毗邻地带，衢州有丰富的经商文化。古代有徽商、龙游商帮留下的辉煌业绩，当代有柑橘、茶业等农产品销售和专业市场建设等成果。更有近十年黄玉市场发展的先发优势，诸如先入为主的知名度，拥有众多石商石友的联络网，有从挖掘、采购、销售、玉雕、配座等完整的产业环节，还有石文化研究、组织办会参展和有经验的新闻宣传队伍。加上当地政府正确引导，科学规划，黄玉市场的复兴是水到渠成的。(图8-6)

图8-6 "第一届衢州黄玉交易博览会"开幕式

第三节 政府扶持措施

最近,衢州市政府从建设国家级历史文化名城,加快文化产业发展的高度,对衢州黄蜡石产业做出统筹规划,出台扶持政策,组织具体实施。主要做了四方面工作:

一是结合衢州实际,推进健康赏石活动。衢州是南孔圣地,是国家儒学文化示范基地,孔子主张玉有九德,君子比德于玉,衢州黄蜡石的温润、细腻、内敛的性质,与之一脉相承。衢州市委、市政府连续多年组织"最美衢州人"评选活动,把衢州人的热心助人风尚与黄蜡石黄里透红的温暖色调紧密联系,把衢州民风的朴实无华秉性与黄蜡石的温润内敛性质无缝链接,把衢州山水的出奇灵秀与黄蜡石的千姿百态共同赞美,把最美衢州人给人以向善的力量与黄蜡石"真、善、美"的赏石观有机地结合在一起,有力推进了全市性的赏石活动。据不完全统计,自2009年举办第一次黄蜡石展会,到2015年全市已举办市、县级黄蜡石展12次,参展作品6000多件,评出获奖作品(铜奖以上)1000多件,参加的石友和观众超过30多万人次。2013年1月,市政府又组织《衢州黄蜡石精品展》赴杭州浙江自然博物馆展出两个多月,展出精品黄蜡石433件,观众超过万人次。中央电视台教育频道、浙江电视台《宝藏》栏目和杭州电视台等媒体都进行了专题报道,衢州黄蜡石在全国范围的知名度有了进一步的提升。

在自办展会的同时,市委和政府还鼓励衢州石友到外地参展参赛。从2011年开始,市委宣传部、市文联、市文广局、市经信委和有关协会,每年都要组团参加浙江省工艺美术精品博览会、中国(深圳)文化产业博览会和义乌、厦门的文博会、旅博会,累计获特等奖5个、金奖19个,银奖53个,铜奖106个。通过扶持石友石商外出参展参赛,不仅提高了衢州黄蜡石的美誉度,也打开了衢州黄蜡石界的眼界。目前,衢州市已有龙游、常山两个县被中国观赏石协会命名为《中国观赏石之乡》,这在全国省辖市中也是绝无仅有的。

二是改善市场环境,加大对文化产业的扶持。市政府已把发展黄蜡石产业与国家级历史文化名城建设的水亭门古街区项目、南孔儒学文化示范园创建工程统筹规划安排。市文广新局已申报"黄蜡石市场一条街"等项目,会同住建局、工商局、执法局一起,整合现有资源,着手改善周六黄蜡石一条街市场条件,规范旅馆市场秩序,提升城隍庙古玩城的经营水平。还规划建设中国衢州黄蜡石博物馆,把黄蜡石产业和衢州的古城保护和旅游开发结合起来。衢州黄蜡石博物馆是一个挖掘黄蜡石的文化内涵、展示黄蜡石的精美品质、开展黄蜡石文化交流、推动黄蜡石产业发展的人文自然与市场相结合的特色博物馆,是集黄蜡石的展览展示、宣传教育、交流研讨、交易销售、雕刻加工为一体的综合性文化设施,是衢州建设文化强市战略目标的组成部分。它与衢州博物馆、中国儒学馆、衢州城墙、历史文化街区等配套组团,共同构建国家东部地区文化旅游的制高点。

市政府正式出台《衢州市文化产业发展扶持和奖励办法实施细则》。对文化产业园区的创建、文化企业的做强做大、文化创意产业的发展以及民资进入文化产业都给予了政策上扶持和奖励。对民办黄蜡石的博物馆和"非遗"展示馆等,建筑面积在1000平方米以上,建筑造价在2000元/平方米以上的,对外开放一年后,按500元/平方米给予一次性补助。对民间利用自有或租用建筑物兴办上述场馆的,使用面积在500平方米以上的,正式对外开放后,给予一次性最高不超过25万元的奖励。支持文化企业大力拓展国内外市场,企业随政府组团参加深圳文博会、义博会、海峡两岸文博会,摊位费给予全额资助。对企业投资创作,获得国家级、省级以上政府一等奖的原创作品,一次性分别奖励企业20万元、10万元,其他奖项酌情奖励。将黄蜡石产业纳入区域信贷政策重点支持领域,对产业项目实行贷款利率优惠等信贷政策,支持开展无形资产质押贷款,建立产业项目无形资产评估机制。

三是制定相关政策,加快玉雕人才的引进和培养。玉雕水平高低仅决定玉器本身的品位,而且也是衡量一个地区玉石产业水准的重要标准。市委和政府把引进和培养玉雕人才作为发展黄蜡石产业的重要环节来抓。2013年市经信委牵头引进青田国家级大师林观博、张爱光,在衢州国家级开发区成立了中国工艺美术大师工作站(图8-7)。牵线衢州职业技术学院和玉雕企业建立了玉石雕刻实训基地。还向省《中国工艺美术大全·浙江卷》编委会争取补报了"衢州黄玉雕刻"项目。经信委和人力社保局在每年衢州民间工艺大师和技能大师评选中,增加了黄蜡石雕刻师的比例,规定符合标准的玉雕人员可享受全市"人才新政三十条"待遇。2014年市经济和信息化委员会、人力资源和社会保障局、总工会,联合举办了首届衢州市黄蜡石雕刻职业技能竞赛,并给参赛的19名选手分别发给职业技师(国家职业资格二级)和

图8-7　林观博大师参与衢州黄蜡石雕培训

高级工(国家职业三级)证书,对第一名选手吴成峰还授予"衢州市技术能手"荣誉称号。

2015年全市计划新建技能大师工作室7家、高技能人才公共实训基地5个、企业高技能人才培训示范基地7个。地方财政要对市级技能大师工作室、高技能人才公共实训基地和企业高技能人才培训示范基地提供经费补助。2015年6月,市委宣传部、市文广新局还邀请国内珠宝玉石行业专家、江苏省珠宝玉石行业协会秘书长林男等人,来衢州举办了《中国玉石文化专题讲座》(图8-8、图8-9)。文化部门还开展了黄玉雕刻传人的非遗项目申报工作。各部门都通过培训、参展、评比、考察等形式,为培训本地玉雕人才做了大量工作。衢州籍黄蜡石雕刻师杜梦生已于2014年12月被浙江省人民政府授予"浙江省工艺美术大师"称号。由杜梦生率领的衢州雅研公司黄蜡石雕刻团队,在2015年4月举办的"第五届中国(浙江)工艺美术精品博览会"上获得1个金奖励、1个银奖、3个铜奖的好成绩。

图8-8　玉石专家林男来衢讲座

图8-9　听课的玉石爱好者

　　四是协调各方力量，加大衢州黄蜡石品牌的宣传。近年来，在中共衢州市委宣传部及政府有关部门的支持下，衢州市陆续成立了衢州黄玉文化研究会、衢州市文化产业促进会和衢州市收藏协会，吸纳政府部门、企业界、珠宝行业和高级工艺美术人才加入，组织各界有识之士参与黄蜡石产业的研究，鼓励行业协会在产业规划、行业协调、队伍培训、市场招商、产品推介和公盘拍卖等方面发挥更大的作用。2015年，衢州黄玉文化研究会走访了有关部门和县（市），进行了衢州市黄蜡石产业基础情况调查，掌握了全市黄蜡石的资源、市场、雕工队伍和消费群体的基本情况。还加强了与周边省、市黄蜡石协会的联系，开展了华东十五城市黄蜡石市场、资源和协会组织情况的调查。

　　同时加强新闻宣传力度，在《衢州日报》、《衢州晚报》、《衢州通讯》、《衢州文化产业》、《休闲衢州》、《衢州广播电视报》和衢州广电传媒集团等市级媒体开辟黄蜡石专版和专栏，不间断地宣传推介。2014年6月，浙江省委、省政府权威外宣刊物《文化交流》（中英文双语）刊登徐国庆的署名文章"衢州黄玉：独特的文化产业"，向世界150多个国家和地区介绍了衢州市发展黄蜡石产业的情况。并在封底用整版刊出八幅精品黄蜡石作品的彩色照片（图8-10）。衢

图8-10　《文化交流》封底照片

州黄玉文化研究会还组建发帖团队，在专业行业网站上持续推出衢州黄蜡石藏家帖或奇石帖，在全国打响衢州黄蜡石的品牌。

第四节　衢州黄蜡石的前景

　　爱美是人的天性。石头其实是很美的，它是伴随地球而产生的。而石头与人类的不解之缘起始于人类的诞生和发展。人类离不开石头，一部漫长的人类文明史，在某种意义上就是人类与石头共同创造的石文化史。

　　衢州博物馆丰富的馆藏证明，早在十万年前，生活在衢州地区的古人类就用石斧、石刀围猎生产，用石珠、石兽来装饰自身。龙游县青碓遗址、荷花塘遗址的出土文物也证明在9000—10000年前，衢州先民就会用黄蜡石打磨祭品。翻开中华石文化的历史长卷，"女娲炼石补天"的神话，开中国石文化之先河，先秦历史的和氏璧之争，西汉霍去病墓前的"马踏匈奴"石雕，魏晋南北朝的敦煌、云冈、龙门石窟，隋唐落成的赵州桥和陕西"三百里石雕博物馆"，宋辽金时期的北京卢沟桥、杭州灵隐双石塔，明清时代的白玉山子"大禹治水图"和圆明园遗址残柱，雄风勒石至今立于眼前。

　　人类从旧石器时代用天然石块为工具、当武器，到新石器时代的打磨石器用作祭祀；从穴居时期简单的利用石头为建筑材料，到现代豪华家居中的装饰；从古代墓葬中的金缕玉衣，到后来的四大国石、五大名玉；人们对石头的认识和利用在不断发展，人们对石头的感情也逐渐发生着演变，从最初的利用、敬畏、崇拜到热爱、痴迷。随着时代的进步，对石资源的开发和保护都到了更新更高的水平。人们爱石、觅石、玩石、品石、藏石，石文化研究交流空前活跃，石头伴随我们告别蛮荒走向文明。所以有专家这样说："不了解玉石文化的人，称不上是真正的中国文化人。"

　　随着全球城市化进程的快速推进，我国目前已有超过50%以上的人口生活在城市里，现代人与大自然接触的时间越来越少，而崇尚自然、返璞归真的愿望却越来越强烈。"山无石不奇，水无石不清，园无石不秀，厅无石不雅，人无石不儒"成为当代人的时尚。在居室中放置几方黄蜡石摆件，在手中经常把玩黄玉子料,不仅美化环境,提高文化品位,而且赏心悦目,增加生活情趣,更有利于身心健康。据《南京晚报》报道:来自哈佛大学、耶鲁大学和麻省理工学院的学者进行了研究。他们发现,触摸过粗糙物件之后,人们会感觉社交活动更难应对。用大拇指捻摸佛珠、项链、把玩件等圆圆的东西则有助于调节情绪,克服焦虑、恐惧。这项研究证明,抚摸圆润的东西可以让人更放松。今年80岁的王满贵(龙游中学退休教师)说:小孩子每天找玩具,老人每天看石头,摸石头整天都是好心情!(图8-11)

　　对石的爱好也体现在当下的文化消费和投资收藏市场。面对银行、国债利息低,保险业回报不高,黄金难以保值,楼市、股市风险更大的现状,很多人把目光转向艺术品投资和收藏。然而,传统的收藏品市场也是鱼龙混杂,水深

图8-11　快乐老人王满贵

难测：瓷器字画作假泛滥，珠宝翡翠天价虚高，邮票卡币巨量发行，不少藏品正在失去收藏的本义。怎么办？人的爱石传统与石头本身具有的纯天然美感，使很多衢州人选择了身边的宝藏——衢州黄蜡石。

黄蜡石是优秀的观赏石和新玉种。作为传统名石，黄蜡石排名在灵璧石、太湖石、英石、昆石等四大名石之后。虽然在全国300多种观赏石中仍属一流，但在以"瘦、皱、漏、透"为美的古代赏石观面前，黄蜡石可能显示不出伟岸峥嵘或变幻多姿。但用中国观赏石协会制定的现代观赏石鉴评标准"形、质、色、纹、韵"来衡量，黄蜡石明艳的色彩、温润的质地、奇妙的纹印、流畅的形式、出奇的神韵，的确是其他石种无法比拟的。现代社会严格的土地控制政策，限制了人们兴建园林别墅的自由，观赏石也趋向家居陈设和把玩等小型化。业内公认的观赏石标准件为30厘米左右，大于40厘米的称"大号"，小于20厘米的叫"小品石"。全国性的精品石展也有作品尺寸的限制，一般是长＋宽＋高之和不超过130厘米。而黄蜡石、戈壁石等水冲、风砺石种正好适应了当代人的这种需求。衢州黄蜡石不仅可以作为象形石、画面石、天然把玩石等单纯观赏石鉴赏，还可挖掘其传统文化玩石的功能，利用原石所附有的天然灵性，应用到人们的日常生活中，用来养身、祈福、辟邪、镇宅等，进而开发出健身石、迎客石、镇宅石、风水石、纪念石等系列产品。在中国（昆明）东盟石文化博览会近千个展位中，黄蜡石的展位就占据了65%的份额，有200

图8-12 观音
石种：胶蜡 尺寸：30×12×10 出产地：衢江
收藏人：寿勤力

多件黄蜡石作品入选精品展馆。(图8-12)

作为新玉种，衢州黄蜡石也是与众不同并充满希望的。中国是产玉大国和玉石古国，玉石的种类成百上千，传统的"五大名玉"指的是新疆的和田玉、陕西的蓝田玉、辽宁的岫玉、河南的独山玉和湖北的绿松石。综合分析后我们可以发现，这五大名玉不仅开发时期久远(和田玉开始于殷商时代、距今4000多年，蓝田玉、岫玉、独山玉距今6000多年，绿松石更早已有7000年历史)，优质资源已被充分开发，水料资源特别是珍贵的子料已十分稀少。而且"五大名玉"基本呈单色问世(和田玉为白色或墨绿色，蓝田玉为青绿、青黄色，岫玉为深浅橄榄绿色，独山玉为白色或绿色，绿松石为绿色和蓝色)，美术色谱均属冷色调，而衢州黄蜡石则不同。

衢州黄蜡石中适合做玉料的精品属天然黄玉髓类，已于2009年向国家商标局注册了"衢州黄玉"商标，并于2011年列入《中华人民共和国家珠宝玉石名称》。作为新玉种，它不仅具备了玉所要求的美丽并资源稀少、有一定硬度(4度以上)和密度(2.58克/立方厘米以上)、有透明光泽和温润感、有清越悠远的敲击声音、有优良的加工性能等5个必要条件，而且弥补了中华民族千百年对优质黄玉追求之空白(和田虽有黄玉，但资源太少了，以至于很多人只闻其名，不见其形)。自古以来，中国人就崇尚黄色，以黄为尊，以黄为贵，以黄色、红色为大美。

衢州黄玉以黄色为主，符合国人的喜好。它还兼有红、白、蓝、绿、黑等多种色彩，不仅给人们更多审美选择，也为雕刻师的创作、创新和创美提供了更大的舞台和空间。近年来不少原来从事翡翠、和田玉、寿山石、青田石的雕刻的工艺师转行衢州黄玉雕刻，并在短短几年中创作出不少"天工奖"、"神工奖"、"子冈杯奖"的作品，得到业内人士的高度评价。

还有，目前衢州一带产出的黄蜡石和黄玉，仍以水料为主，其温润度和稳定性明显优于同类的山料玉种(图8-13、图8-14)。而且由于开发起步较晚等

图8-13 手握乾坤
石种：树化玉　尺寸：6.5×5.5　出产地：婺江
收藏人：王劲

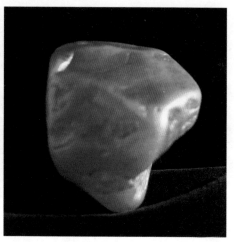

图8-14 硬田黄
石种：冻蜡　尺寸：9×7.5×6.5　出产地：衢江
收藏人：张梅珍

原因，市场上衢州黄蜡石、黄玉的价格也低于云南、广东等地的黄龙玉和台山玉，投资和收藏的成本相对较低，具有明显的后发优势。当然，衢州黄蜡石也有自身的局限，比如精品料石块型较小，很少有超过20公分的玉料。还有就是石体结构比和田玉复杂，石皮与石肉往往不一致，存在过多的不确定性（赌性较大），给买主和雕刻师增加了难度。但也正因为这种不确定性，激发了人们赌石的兴趣和捡漏的愉悦，更平添了黄蜡石的魅力。

有人担心黄蜡石资源不足，难以支撑产业的发展。确实，从2006年衢州形成黄蜡石市场，每次"周末一条街"，四省九市的石友、石商都要来衢州掏石，每年365天，衢州城隍庙古玩市场（黄蜡石占75%以上）天天有黄蜡石成交，可以说，浙江省内杭州、金华、丽水、绍兴等地的黄蜡石精品，大部分源自衢江流域，购于衢州市场！随着河道挖砂的控制，衢江流域出产黄蜡石的数量逐年减少已成不争的事实。

然而，市场资源是双向流动的。衢州石商、石友素有藏石的习惯，真正的精品好石头留在衢州的也不少。随着衢州黄蜡石市场的兴旺，周边四省九市更多的石农、石商来到衢州，10万平方公里纵深的黄蜡石资源也源源不断地流入衢州。不少衢州石商也在以比前几年销价更高的价格，从外地收回衢州的精品黄蜡石。更多的衢州藏家则不远千里到赣江、信江和广东等地购进黄蜡石精品。最近，衢州黄玉文化研究会做了一个调查，对衢州本地的100位黄蜡石爱好者进行摸底，就玩石开始年份、每年购石数量、进石渠道（地点）、藏石数量等进行问卷，得出一个结论："衢江黄蜡石产出量的减少＝衢州黄蜡石精品存世量的增加。"事实证明，黄蜡石资源与一般的消费性资源不同，虽然它是不可再生的，但由于它本身具有的稳定性、耐久性，它又是在一定时期内不会消亡的！即出产地资源的减少，与产区精品存世量的增加同时存在。前提和基础是黄蜡石爱好者的队伍不断扩大。而调查数据表明，从2006年到2015年衢州市黄蜡石爱好者的人数增加了近百倍，既然衢州的黄蜡石存量越来越多，衢州黄蜡石产业的发展和繁华就有了坚实的基础。只不过衢州的资源不再以江边和山上为主，而是转移到二级市场的商家和藏家那里。从2014年下半年开始至今不衰的衢州黄蜡石旅馆市场热潮（40多个标准间住满江西、福建、广东来的石商，每周三都有上百人在此交易），就印证了这一点。（图8-15—图8-20）

综上所述，由于衢州黄蜡石具备了如此充分的条件，我们可以相信，只要人类继续存在，人们对美好的追求就不会停止。随着我国经济和社会的继续发展，人们的文化消费必然增长，国家的文化产业必将迎来春天，衢州黄蜡石的明天就会同衢州市一样更加美好灿烂。

图8-15　硕果
石种：细蜡　尺寸：27×15×6　出产地：衢江
收藏人：金跃兰

图8-17　鱼籽冻
石种：胶蜡　尺寸：22×22×20　出产地：信江
收藏人：徐国庆

图8-16　中华神鹰
石种：晶蜡　尺寸：41×30×15　出产地：衢江
收藏人：王忠明

图8-18　最小的子料——子粒
石种:胶蜡　尺寸:2.5×1.5×1.2
出产地:衢江　收藏人:韩建勇

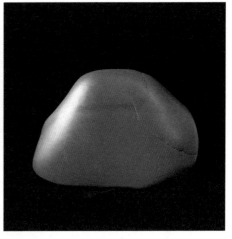

图8-19　金山
石种:胶蜡　尺寸:36×24×7.8
出产地:江山港　收藏人:郑峰

图8-20　经典蜡皮
石种:晶腊　尺寸:15×12×8　出产地:衢江　收藏人:毛建林

附录一　品石论坛

色质美的标杆衢州黄玉

（广西　张士中）

近十多年来，在我国赏石界，议论黄蜡石的论文、专著、堪称丰硕，尤其是2004年后，黄蜡石中的新种黄龙玉的面世，更是热议非凡，云南、广东、浙江、广西等地，有关黄龙玉的论述、专著，盛况空前，十分引人关注，也引出如何界定"玉石"的争议。说实在话，一个新的玉种的出现，并且受到赏石界、玉石界及寻常百姓的喜爱和青睐，这是很正常的现象。暂且不议舶来品的翡翠，在我国，和田玉演绎了几千年的玉文化，既是传统的，又有着极其深邃的玉文化内涵，这是透闪石软玉，一旦出现了"石英质玉"，质疑之声，在所难免。

在当前，一般性论述黄龙玉的内容，本人深感很难达到一定的深度，说得不好，会形成人云亦云的那一套，所以我只想说些感想。

一、衢州黄玉是"玉"

众所周知，中华人民共和国国家质量监督检验检疫总局和中国国家标准化管理委员会已于2010年9月26日发布《珠宝玉石名称》的中华人民共和国国家标准（GB/T16552—2010）。并于2011年2月1日实施，这是我国珠宝玉石的"国标"，在这个国家标准中，给"天然玉石"下定义是"由天然产出的，具有美观耐久、稀少性和工艺价值的矿物集合体，少数为非晶质体"。这个定义所规定的，衢州黄玉和黄龙玉等精品黄蜡石本身均具有：它质优色美，达到人们审美的效果，它的硬度为6.5°—7°，质坚韧，耐酸碱，耐磨，不易损坏。我国黄蜡石有一定贮存量，而其中真正称得上衢州黄玉和黄龙玉等精品的，其量是相当有限的，这就是其稀缺性。它的工艺价值已是人们的共识，可以雕成精美的摆件、手把件，可以雕成精致的挂件、玉镯、串珠、项链、手串，还可以镶嵌成戒面，应有尽有，石英集合体、隐晶质的，也有些是蛋白石形成的非晶质体。

再者，在《珠宝玉石名称》国家标准"规范性附录"中，在天然玉石名称"玉髓"中的"黄玉髓"注出了(黄龙玉)，规范性地把"黄龙玉"列入"黄玉髓"中的一个品种。这次衢州黄玉文化研究会徐国庆先生，又委托浙江地质勘察院，到北京做了岩矿鉴定，各项测试参数证明，衢州黄玉和黄龙玉、台山玉的物理性质和化学性质，几乎一致，可定名为黄玉髓。这是国家标准中列入的玉石名称，我们没有理由置疑。

二、色质美的标杆

黄蜡石，是色质石家族中的一种，这已是大家的共识，而在这个大家族中的优质品种，便是众人称颂的衢州黄玉、黄龙玉和台山玉等。石不能都是玉，俗称的美石才是玉，但玉还是广义的石，是某些石种中的精髓，衢州黄玉则是黄蜡石这个色质石中的精髓，它具有翡翠的硬度，有寿山石的韧性，又有和田玉的温润，田黄的色泽。衢州黄玉具有亚透明、半透明，如翡翠的玻种、冰种"水头"，又有似和田玉的润泽的肌肤，而其主色调是富贵的黄色和吉祥的红色。这种新面世的美玉，最突出的特点是：色美、质优。

色美，是衢州黄玉的主要审美特色。作为"玉"，本人十分看重其质感，如翡翠，人们在欣赏其美的艺术，首先是领略它的"水头"，即"种头"，所谓"种头"，其实便是翡翠质地的集中表现，"玻种"、"冰种"，是指非常细腻、结构致密、无瑕疵，纯净的质地，玉的质地，是决定其品位高低的首要条件，再加上它的翠色或翡色的自然艳丽，才达此完美的结合。衢州黄玉也是同理，只有当它具有非晶质，结构致密，细腻、玉化程度高，才有温润的质感。《观赏石鉴评》国家标准对色质石的释文是：石体致密、温润，石肤细腻，石体表面光洁、无瑕疵，色彩靓丽、光泽感强，协调性好，颜色单一者应均匀、典雅。黄龙玉的色、质，均达色质美的各项要求，这便是人们追求的天然美感。

三、浙江黄蜡石的代表

我国黄蜡石或黄龙玉的分布较广，从东北的鸭绿江沿东南沿海，到西南，展延约4000公里的温热气候区，包括浙江、福建、江西、广东、湖南、广西、海南、云南等地。而浙江出产的黄蜡石（当地也称浙江黄玉、衢州黄玉，或龙游黄龙玉、金华玉、仙都丹玉等），有其独特的地质条件、地理环境及观赏特性。

浙江地处东南沿海，北纬30，在漫长而剧烈的地质构造活动及火山活动，浙西北的火山构造洼地，浙中的红盆，浙东的碱性花岗岩，全省处于白垩纪和古近纪火山范围，特殊的燕山期火山岩，造就了浙江丰富的黄蜡石资源。浙江黄蜡石、黄龙玉资源广布，衢州市衢江流域的柯城、衢江、龙游、常山、江山、开化，绍兴市曹娥江的新昌、嵊州的澄潭江、长乐江流域，丽水市瓯江流域的缙云、莲都、松阳、遂昌，金华市婺江流域的东阳、义乌、永康、武义、浦江、兰溪，还有诸暨市、安吉县、宁海市、天台县等地都有产出。

浙江黄蜡石品种丰富、色彩多样而鲜丽，以黄色为主，还有红、白、黑、紫、绿、色彩组合，以及红、紫、绿的组合。其质感细腻，特别是其中的精品，有极为细腻致密、透明的冻蜡，有细腻较致密、半透明的胶蜡，无颗粒感，是隐晶质的玉髓，隐纹也丰富，有铜钱纹、哥窑纹、印格纹、蜂窝纹、竹叶纹、草花纹等。

更值得提出的是，浙江黄蜡石的生成和产出条件特殊，它既是火山喷发作用的产物，还与冰川运动密切相关。因为浙江黄蜡石，多具有可见的指甲纹或金钱纹，据专家考证，冰碛砾石表面，只要是脉石英、石英岩、硅质岩形成的冰碛砾石，多数具有似指甲印纹的弧形或环状挤压裂纹，这便是著名地质学家李四光先生发现的与冰川作用有关的特有的微构造标志，实践证明，具有这种微构造标志的黄蜡石，都是质地坚硬、玉化程度高的上品黄蜡石或玉料。

在简要回顾浙江黄蜡石的同时，我高度关注的是钱塘江源头衢江产出的衢州黄玉，因为衢州黄玉确实是全国黄蜡石中的精品，是浙江黄蜡石的代表。它质地上乘，结构细腻，玉质感强，色彩鲜丽，自然天成，给人的感觉是，温润的玉体如和田，色泽之靓丽协调如田黄，坚硬如翡翠，柔韧如寿山，色彩黄显富贵，红呈吉祥，堪称色、质、美石的标杆。但愿大自然留赠给世人的这一瑰宝，将更加丰富人们的物质、文化和精神生活。

（张士中，高级工程师。广西观赏石协会会长兼秘书长、中国珠宝玉石首饰行业协会常务理事、中国观赏石协会常务理事、《赏石文化》执行主编、《中国赏石大典》编委、高级观赏石价格评估师、珠宝价格评估师、中国观赏石一级鉴评师，从1994年起数十次担任国家级和省级观赏石评委，参与《观赏石鉴评标准》的起草，参加编写观赏石鉴评师培训和观赏石价格评估师培训的教材并担任授课工作，理论著作成果丰硕，主编《矿物晶体精品集》、《广西赏石名家》等，论文几十篇）。

鱼和熊掌兼得，唯我黄蜡石！

（洪小平）

鲁迅先生说："最纯朴，最厚重的艺术，往往是不加雕琢的。"黄蜡石之美，贵在质地如玉，美在浑然天成，实为石中翘楚。黄蜡石不仅拥有玉石的温润柔美，更集合千变万化的色彩，形态各异的造型，逼真传神的画面于一身，"汇天地之灵气，纳山川之精华"，于方寸之间完美诠释大千世界，或憨厚古朴，或活泼俏皮，或温柔婉约，或气吞山河。一方在手，玩味无穷，仿佛置身于山水之间，倾听大自然那远古的天籁之音……

不仅如此，近年来，黄蜡石质地如玉、细腻温润和色彩丰富的特征，正越来越多的为玉石界所关注和青睐，为玉雕大师们提供了广阔的创作空间。久负盛名的苏州工、海派工、福州工名师巧匠的加入，更是为黄蜡石雕刻带来了空前的繁荣。随着黄蜡石雕刻作品在天工奖、百花奖国家等顶级比赛中不断取得突破，黄蜡石更加声名鹊起，迅速成为玉石界的新贵，受到藏家、商家和玉石爱好者的喜爱和推崇。

放眼国内玉石、奇石市场，能做到"鱼和熊掌兼得"，集天然观赏和艺术雕刻大成者，唯有黄蜡石！

当下，受经济发展增速总体放缓的影响，"走红了好几年"的黄蜡石市场也进入了调整期。"好石头还是一石难求，一般的石头却走不动了。""生意不好做。"这些是现在人们听到最多的两句话，陷入困境的人们并没有"透过现象看本质"。

笔者以为，经济发展增速总体放缓，正好为"热过头"的黄蜡石市场降降温，提提醒。黄蜡石作为新兴的玉石种类，是否心态过急，梦想"一夜成名"？是否过于追求"精品"，卖个高价，从而忽视了消费能力一般但却是爱石藏石的主要人群？石展遍地开花，是否注重了组织质量、服务意识和品牌培育？

黄蜡石拥有丰富的资源优势，拥有广泛的群众基础，又是政府文化大战略的有机组成部分，是老百姓喜闻乐见并能积极参与的文化产业形式。只要市场规范，行业自律，同心同德，努力拼搏，黄蜡石文化产业的发展前景一定是光明而美好的！

（洪小平，浙江金华人，出生于1972年，2008年开办"洪石头黄蜡石精品店"和"洪石头收藏品商行"。他设计理念时尚，鉴评眼光犀利，多年来收获各项展赛大奖。他还瞄准高端需求，放眼全国市场，组织、选送100多件浙江黄蜡石雕品，参加北京"博观拍卖"、上海"神工拍卖"、杭州"天工艺苑拍卖"和"浙江盛世拍卖"等大型拍卖活动，具有丰富的珠宝玉石行业市场的实战经验。现为浙江省珠宝玉石首饰行业协会玉石专业委员会副主任和金华市工艺美术行业协会副会长，并被授予浙江省玉石鉴赏师等称号。）

梦中西施——衢州黄蜡石

（寿勤力）

据史料记载：黄蜡石出产柬埔寨及广东潮汕、台山等地，其油蜡之质感源于石英，而其颜色则来自氧化的铁质。以前我国不少玩石家认为最优质的黄蜡石产于广东潮州饶平等地，但近年来浙江衢州等地黄蜡石异军突起，其品质不亚于潮汕蜡石和先前被热炒来自云南的黄蜡石，而且色彩更加鲜艳、丰富，品种新奇，质地优良，造型美观而被广大的爱好者所收藏。实践证明，在全国众多出产地中，黄蜡石佳品并不是仅在一地出产。在众多的出产地之中都有不少值得称赞品赏的黄蜡石精品。

我从20岁开始玩石，30年来走遍祖国大好河山，投资上千万，藏石近万方，自从2006年看到衢州黄蜡石后，几乎就没有再欣赏过其他石种！

我认为衢州出产的黄蜡石有两大特色：一个是色泽好。与其他地方的蜡石比较，衢州黄蜡石颜色黄得"正"，色泽"浓"。黄蜡石藏品的色彩以鲜艳者为佳，比如黄、红这样的颜色是不错的选择。人们在赏玩时，多以寓言吉祥的颜色为佳，如黄蜡寓意为财富、光明，红蜡寓示吉利好运、鸿运当头。而色多者，缤纷多彩，则寓意荣华富贵。黄蜡石的颜色愈鲜艳、愈纯正、愈稀有为上品。

另一个特色是它"出形"。衢州黄蜡石百姿千姿，象形状物，鬼斧神工，惟妙惟肖，令人叹为观止，这在其他地方是罕见的。大自然的神奇之手把黄蜡石的色与形巧妙结合天衣无缝，其精妙之处难以言表。我从衢州淘来的胶蜡"西施浣纱"、冻蜡"鲁迅"等，都是既有质、又有形的佳品，曾在多次石展会上获大奖。因此选择一个形状别致，且纹路细而具有独特风韵的黄蜡石，再配上合适的架座，乃天赐佳品。

优质的衢州黄蜡石其实就是一种"玉"。它结构致密、质地细腻、透光性好,本人藏有一方冻蜡"仙人指",不仅有翡翠般的"透",有和田玉一样的"润",还有鬼斧神工的形,的确是人见人爱的高档藏品。

(寿勤力,"60后"企业家,先办桥梁道路工程公司,后生产经营轻纺袜业,现为浙江永凯实业有限公司董事长。他从20岁开始接触石头,30年痴心不改,投资上千万,藏石过万方,其中数千方衢州黄蜡石,让他玩出山水系列、人物系列、十二生肖等,还在老家诸暨开办了"寿石馆"。现为中国观赏石协会一级鉴评师、观赏石价格评估师、绍兴市观赏石协会副会长。)

人石情缘,一个真实的传奇故事

(单国城)

2008年5月的一个雨夜,午夜时分,朦胧间,我置身于一空旷山湾,目光被阴阴绿树间的一团黄色吸引,定睛一看,不正是块巨大的黄蜡石么!内心的激动无法言喻,我忙不迭跑上前去。此时,却见巨石分为两半,来不及惊奇,又见巨石中间盘旋着一条巨蟒。惊诧间,恍然不知是梦是真。

这是梦吧,我安慰自己:周公解梦里,梦见蛇便是财运到了。

就在这时,一声惊雷彻底把我惊醒。连忙起身,此时窗外已大雨如注,我静静坐着,回忆着刚才的梦,清晰地记得,梦里的山湾不就是前几天刚去过的吗? 这时,愈发按捺不住内心的激动,也顾不上夜半的大雨,下楼发动汽车立即前往。

距离山湾有百八十里路程。汽车奔驰在漆黑的夜色中,行至半程,强光灯下的雨没有丝毫减弱的意思,噼里啪啦地砸在车身上。心中不禁打起退堂鼓:这么大的雨,即便到山湾又怎么能寻找石头呢? 不如返回吧! 然而一转念,既然已经出发又怎么可以轻易回去呢? 不管怎样到了再说。于是,又鼓起勇气一路向前。

凌晨5点,目的地就在目力所及处,突然间,眼前一片明亮,东方初露曙光,天朗气清,惠风和畅,尤如神迹。

到了山脚下,停车下来,直奔山湾。就在这时,远远望去,一块巨大的黄蜡石,在大雨冲刷后,金黄闪亮。走近细看,啊! 确实是宝贝,黄中飘红,艳丽通透,漂亮极了。连忙上前抱起,好家伙! 足有两百斤。也许是天神所赐,佛祖给我力量,奋力抛上肩膀,一步一步扛下山来。

为了谢恩,我特别设计了《佛祐人间》这样一个作品。

(单国城,浙江省宝玉石协会玉石鉴赏师、金华玉协会副会长、"金华玉都"董事长,出生于1963年,早年从事钢材贸易,自从2007年在工地上遇艳黄蜡石,便为之倾倒。8年来投资千万元,收藏精品料石近万块,又请福州雕刻大师精心创作,终于把黄蜡石送上全国最高的领奖台:在2013年国家天工奖13个金奖中,他的"博爱"是唯一的黄蜡石雕品!)

黄蜡石与"黄大仙玉"

(蒋俊忠)

最平凡的是石头,多得漫山遍野,俯拾皆是;最奇妙的也是石头,天地间山水人物都可在它的造型里得到展示。

黄蜡石在衢江下游的兰溪又叫"黄大仙玉",这里还有一个美丽的传说:黄大仙原名黄初平,东晋328年出生于兰溪村。他幼年家贫,15岁入金华山牧羊,遇赤松子修炼得道,成仙后惩恶扬善,点石为羊,造福百姓。在他的家乡,凡是他走过的河滩,溪石也尽化为玉,让后人享用不尽,这就是现在的"黄大仙玉"。

其实,兰溪黄蜡石是兰溪上游的衢江、婺江冲运下来的,由于长距离、长时间的水的优化作用,这里的黄蜡石作为料石可与印石之王"田黄"比美,润滑细腻,质胜于玉,久经把玩,包浆滋润,极富灵气。作为一种奇石、一种玉石和一种颜色与翡翠相媲美的宝石,耐久而稀罕,形状各异、种类繁多,具有难得的收藏价值和艺术价值。"黄大仙玉"因其色彩而高雅华丽,石质润泽细腻,蜡质感强等特性,越来越受到人们的青睐。

(蒋俊忠,"60后"企业家,17岁进入建筑行业,做过施工员、技术员和公司经理。2008年开始收藏黄蜡石,至今已存优质观赏石、料石100多吨,建有展示厅、会所和"黄大仙馆",现为中国观赏石协会二级鉴评师,金华工艺美术协会、金华玉协会兰溪市观赏石协会副会长。他决心发挥兰溪黄大仙故里优势,与广大石友共同打造黄蜡石"黄大仙玉"品牌。)

结缘黄蜡石,我今生无悔

(王忠明)

玩黄蜡石,不同的人有着不同的理解和玩法。要说我对黄蜡石的理解是:黄蜡石有极强的吸引力,它让我废寝忘食,它让我忘乎所以。我把玩黄蜡石的过程,视为人生的最大乐趣。收藏黄蜡石本身就是对人格的一种砺炼,艰辛漫长,充满追求和期待的收藏过程就是人生的一大财富。

说起自己玩黄蜡石,算起来也有几年了。茶余饭后,看到那么多奇形各异的黄蜡石,让我大开眼界,使我真正对黄蜡石产生了深厚的兴趣。多年来我利用各种机会多方觅购黄蜡石,只要有石展就尽可能地去观赏,有时为了淘到自己喜欢的黄蜡石,连续几天"蹲点"挑选。有付出就有收获,靠自己的痴心也淘到了不少的黄蜡石精品。在淘的过程中凭借自己的眼光,也捡到了不少"便宜"。每每有朋友来观之都惊叹不已。他们趋之若鹜,驻足赏之,不停地玩味,好似寻找到失落已久的宝贝。

我的体会是,在淘黄蜡石、赏黄蜡石、把玩黄蜡石过程中,只要你把自己置身于其中,就会感受到乐趣。每块黄蜡石都有尊严,有自己的个性,但要找寻其存在的价值是艰难的。黄蜡石之奇,鬼斧神工造就,它千姿百态、精美绝伦,往往能给人留下无尽的想象空间。"没有音乐的耳朵,便无法听懂音乐",同样,没有审美的眼光，也就无法发现黄蜡石的美。在淘黄蜡石、玩黄蜡石过程中，只有不断培养这种审美能力，寻找每块黄蜡石的个性，才能从中发现美，得到美的享受。

黄蜡石是一部博大精深的"百科全书"。当赏玩黄蜡石向更高境界迈进的时候，文化知识就是桥梁。这又促使我不断涉猎历史、美学等更多学科。与黄蜡石结缘，我今生无怨无悔。

（王忠明，墨号谦让斋主。衢州市首届文化人才"香樟奖"获得者，中国印章行业协会副会长、浙江科力印业新技术发展有限公司董事长、中国文教体育用品行业常务理事、中国青年企业家协会会员、中国收藏家协会会员、衢州市收藏协会会长。2014年创建龙游县黄蜡石协会，带领龙游黄蜡石界加快发展，为衢州黄蜡石走向全国做了大量工作。从"家藏"到"馆藏"，王忠明正在筹建有3000平方米的"龙游科力文化博物馆"，他要为衢州文化产业的发展做出新的贡献。）

藏石更觉家乡好，赏石要做最美人
（金跃兰）

不知不觉加入赏石队伍已有六年了，日夜与心爱的黄蜡石相伴，放松了心情，锻炼了身体，增长了知识，享受了快乐，物质和精神上的收益颇多。

据报道：来自哈佛大学、耶鲁大学和麻省理工学院的学者研究发现，人触摸过粗糙物件之后，会感觉社交活动更难应对，而用手指捻摸手串、把玩件等圆润的玉石器物，则有助调节情绪，放松心情，克服焦虑和恐惧，有明显的安慰效应。

其实人与石的缘分是与生俱来的。衢州市龙游县的青碓遗址的考古证明，衢州一带的先人早在9000年前就打磨利用黄蜡石了。人类离不开石头，从古至今都是这样。尤其是科技进步、日新月异的今天，离自然越来越远的现代人，更需要走近石头、亲近石头。

　　玩石六年，我确实收到不少精美的黄蜡石，除了自己欣赏，我也乐于和大家共享。2012年在衢州博物馆举办黄蜡石精品展，我送了20多件展品，后来又被送到杭州浙江自然博物馆展出两个月，观众超过20万人次！这几年省、市举办"文博会"、"旅博会"和大型石展，我也送石头参赛，每次都能拿几个金奖、银奖，享受的就是专家和大众的认可。

　　对家中的藏品，我是十分珍惜的。六年来只卖过一块石头，而且也是被石友盯得没办法才转让的。那是一位江西石友，多次往返几百公里到家里看石头，软磨硬泡就是不罢休。我看他真的非常喜欢石头，最后才忍痛割爱，就像母亲嫁女儿一样，过后还经常牵挂着！

　　目前观赏石市场出现低迷状态，一般黄蜡石虽然滞销，但精品价格依然坚挺。衢州是优质黄蜡石出产地，有一大批热爱黄蜡石的朋友，更有为数众多的有眼力、有实力、有魄力的黄蜡石藏家，只要政府重视并科学规划、组织、实施，就能发挥衢州发展黄蜡石产业的优势，占领华东乃至全国黄蜡石产业的制高点。对于黄蜡石，我是有信心的，她应该成为衢州走向全国、走向世界的一张名片。

　　黄蜡石是大自然赋予衢州人民的宝藏，衢州人质朴、热情的秉性，是与黄蜡石温润、致密的石性相互联通的。衢州要创建全国文明城市，还要建设国家东部公园，政府大力倡导"最美精神"，我们应该弘扬南孔文明之风，让更多的人欢喜黄蜡石，大家都做最美衢州人。

　　（金跃兰，衢州赏石界又称"金姐"，作为"60后"企业家，她曾在国营百货公司工作20年，下海后创办的食品企业也红红火火。5年前她爱上黄蜡石，商业人特有的敏锐和胆魄让她收获颇丰。在衢州及周边地区几十个石头经纪人帮助下，起步不早、但人缘好的金跃兰，在短短几年里收入精品观赏黄蜡石500多方，在本市一次精品石展上，她的6块黄蜡石获得5个金奖。）

凤凰不落无宝地

——衢州黄玉之我见

（郑继）

近年来，玉石爱好者们纷纷把目光落向了新兴玉石市场，诸如黄龙玉、台山玉、衢州黄玉等玉石纷纷跃居"玉中新贵"，各大拍卖会上也频现衢州黄玉身影。"凤凰不落无宝地"，衢州黄玉作为一个新兴的玉种，具有润、密、透、凝、腻的特点，并富有绚丽的色彩，这些美好的特质，深深打动了收藏家与雕刻家们的心，因而在玉石市场上受到了越来越多的追捧。而作为一个玉石雕刻者的一分子，我对衢州黄玉也有着深深的喜爱之情。除了自己倾心于创作衢州黄玉雕刻作品外，还总会向身边的朋友们推荐："衢州黄玉是十分理想的雕刻材料。"

我对衢州黄玉的喜爱之情，由来有三。

观石首观其质。从质地上来说，衢州黄玉质地温润细腻，其硬度比寿山石高，但比翡翠柔软，这就使得其具有了易于雕刻，又不易划伤的优点。由于时下人们更偏好将玉石随身携带，抚摩赏玩，玉石雕刻作品逐渐进入了以把玩件为主的时代，衢州黄玉把玩件的手感细腻，上手更加舒适，同时其不易划伤的特点令其在放、取、磕碰时带来的损伤大大减少，这就使得收藏者在把玩的同时更加怡然畅快。另一方面，衢州黄玉软硬适中的特质令其适于表现不同的风格，雕刻师能够将不同的技法运用其上。无论是福州工偏重体积的柔软技法——这一点，我在雕刻《瑶台月下》这件作品时就已有深刻体会；还是苏州工注重线条的硬朗风格——本次博观拍卖中展出的陈冠军《衢州黄玉荷塘情趣牌》，以及罗光明的《衢州黄玉凤凰传奇佩》等作品线条流畅简练，可以称为苏州工技法的经典之作，皆能为兹佐证，都能够再衢州黄玉上完美地表现出来。

其次，人说"色可迷人"、"秀色可餐"。从色彩上说，衢州黄玉有着同寿山石相似的绚丽色彩——以红、黄为主,更有白、黑、绿、透明等,风格多样。更为特别的是,衢州黄玉绚丽丰富的色彩常常呈现在同一块石头上。在一块石头中,出现两种甚至三种以上对比鲜明强烈的色彩都不新奇。这样的特征,使衢州黄玉能够适应各种不同气质的题材。如陈孝贤所做《衢州黄玉荷仙摆件》以红色为主体,在边角过渡为黄白二色,红彤彤的石头具有娇艳的气质,创作者将其设计为一个荷花包围中的女郎,而右上角的一点半透明的白,则被巧色雕琢为几粒水珠,整体体现出了一股娇媚的韵致。而另一件同为衢州黄玉作品的《衢州黄玉观音珮》则几乎通体剔透洁白,以此雕琢出的观音则别有一番安详宁静的气质,令旁人忍不住肃穆而观……同为衢州黄玉,它们的气质总是各有不同,有的明艳,有的浑厚,还有些透露着深沉,令人目不暇接,感叹大自然的美妙造化。

除此之外,衢州黄玉还是一个稳定性十分高的石种。玉石高稳定性,意味着其雕刻作品不易随着时间的推移而干裂变色。对于创作者来说,最苦恼的当然是自己辛辛苦苦雕刻出来的作品日渐暗淡,甚至干裂。每一件作品都像是雕刻师自己的孩子,无论如何,都希望能够它们保持当初最完美的模样。因此,选择一块稳定性好的石头进行创作,是雕刻师首要关心的一个大问题。而衢州黄玉的高稳定性很好地解决了这一个问题,使用衢州黄玉进行创作的雕刻师们必将欣喜于自己的心血能够保存得如此完好。从收藏者的角度来看,若收藏品能够长久地保持其观赏价值,无论是每日赏玩,还是他日转手他人,都能够令收藏者放心愉悦。

作为一个寿山石雕刻师,寿山石是我雕刻的根,寿山石雕刻于我是亲切的、惬意的,然而,由于寿山石石质过于柔软这一特质,我在创作时也曾深深感到受到了石种带来的限制与束缚,一些设计上的奇思妙想难以得到实现。而衢州黄玉的兴起,让我惊喜于创作时能够不再为石质的柔软而缚手缚脚,许多我在寿山石雕刻时无法创作的题材都有了实现的可能。这有利于雕刻师拓宽思路,创作一些以前想都不敢想的作品,实现创意上以及艺术上的突破,为中国玉石雕刻界注入了新鲜的血液。中国的玉石雕刻不该局限在一些传统的玉种上，资源的枯竭与传统玉石的高价市场都必将把玉石爱好者的目光引向不逊于传统玉石的新兴玉种上。采用新兴玉石，不代表着降低玉石的标准，相反地，唯有正确地拓宽玉石市场的眼界，才能真正实现中国玉石雕刻创作的"百花齐放，百家争鸣"，才有可能带领中国玉石界跨入一个新纪元。

（郑继，号"悟空"，师从林飞、王铨俤。现为中国玉石雕刻大师、福州寿山石行业协会、寿山石文化研究会理事，福建省宝玉石协会常务理事，福建省工艺美术研究院特约研究员，"宝工坊"创始人。1997年其作品《夜海》获"如意杯"一等奖后，他不断探索创新，从早期的写实，中期的"纯美"，到现在的"迷幻"，郑继用脑、用眼、用手、用激情创作出丰富多彩、有血有肉的作品，深受人们的喜爱。正如他的师傅——中国工艺美术大师林飞对他的评价：郑继是从学校里走出来的，传统基础扎实，创新之路大胆，就像他的艺名"悟空"一样，他从石头中蹦跳而出，在广阔天地间施展身手，闯出了一条有个性的艺术之路。）

赞美黄蜡石　让作品说话
（张焕学）

一、我眼中的黄蜡石

随着当代玉石产业的发展，人们对玩石的兴趣也多样化。中国地大物博，地质矿产物源丰富，在近一二十年左右，全国各地也都出现了很多新玉种，这些新玉种玉质温润细腻，色彩丰富，让人爱不释手！黄蜡石就是其中一个代表。任何好玉石在问世时都有两大优势：一是市场价格低，容易让人接受，二是收藏升值空间大。价格低，参与的人就多，随着时间的推移，这种玉石就会稀缺，它的升值空间就大，大大满足了玩石者的心理需求！现在市场上黄蜡石的价格远远不及翡翠、和田玉之高，可见未来升值空间有多大！

二、黄蜡石行业发展中的问题

我认为目前黄蜡石行业的发展遇到两个明显的问题，一是人们对它的整体认知度不够。黄蜡石发展的时间与和田玉比是相当短的,所以人们对它的整体认识远远不够,很多还停留在表面一个外在的认知;二是受到当下中国经济大环境的影响。过去几年,黄蜡石的发展可算是一路热潮!我做黄蜡石创作可以说是最早之一,见证了整个黄蜡石的发展过程。在这两年经济大环境的波及下,任何行业都受到一定的影响,当然,黄蜡石也不例外。

三、对黄蜡石行业发展的建议

面对问题,我们要做的是,赞美黄蜡石,让作品说话。首先要多做宣传,做好宣传。全国同行业要形成一个声音,有计划的宣传黄蜡石,每个地区多举办一些展览和相关的活动,来加深和普及大家对它的认知,让玩石者能够深入了解到它的质地、实质等都远远不亚于其他玉种。

还要发现并挖掘黄蜡石雕刻大师,通过大师们创作出黄蜡石成品、精品,来宣传展览并获奖。在大师们的精雕细琢下,把黄蜡石独特的美和玉石的内里完完整整地展现给人们,让玩石者对它充满信心,并加强它们的交易流通。

(张焕学,字画石,1982年出生于福建诏安,1997年师从福建工艺美术大师邱瑞坤学习寿山石雕刻。2010年进修于广州美院。得到过中国工艺美术大师杨坚平等前辈指导,又凭借个人的天赋和勤奋,大胆尝试将石雕与玉雕的软硬雕法技艺结合,最终自成风格。张焕学擅长以国画山水、花鸟、昆虫等为题材,作品别出心裁,善于创新,曾先后荣获中国工艺美术界最高的“天工奖”、“神工奖”、“百花奖”。现为中国农工党党员,中国收藏家喜爱的玉雕艺术大师,中国玉雕专业委员会委员,广东省工艺美术协会理事,广东省珠宝玉石首饰行业协会理事。)

一道玉的附加题

(罗光明)

两年前,一个拿黄蜡石给我的衢州客人说:“做了几年的红色主题了,眼睛也累了啊,给你一个'附加题'试试看?"我一听"附加题"就有了精神,因为每回考试,附加题都能为基础知识不好人加分,也能为基础知识优秀的人争取到更靠前的排名。人与人之间的交流和人与石头的交流其实是一样的。刚好碰到相契合的点,便能变废为宝,把残缺发挥成巧夺天工,把一个细微的点延续成一场盛宴。

其实,进入玉器行业这几年虽然一直以南红为主,但我从来没有放弃过对其他材质的尝试,砗磲、珊瑚、蜜蜡、阿拉善……每月都会尝试新的材质,因为我觉得,你从来不曾做过别的材料,又有什么资格说现在所做的材质是最优秀和最适合自己的呢?

上次去北京,有幸拜访了一位国家级的玉雕大师,70多岁了,竟然还会亲自为一块便宜得年轻的大师们不屑一顾的灵璧石推出"大型"。这让我由衷钦佩和感动。这是一种多么执着和纯粹的敬业精神。现在很多人敬天、敬地,也敬人,就是忘了这时时刻刻都存在的、"微不足道"的敬业精神。在老一辈的玉雕大师眼里,玉无品种的尊卑。这又不禁让我想起,前几天有人问我:"你是做玛瑙嘛,为什么说你是做玉的呢?"我当时觉得无言以对。我知道,这不是三言两语和用文字能回答的。唯一能做的就是,把在他人眼里不是玉的石头,做到能让人感动,让人觉得这确实像玉一样珍贵。

我们不能局限在一种玉石上,那样这种玉石材质价格会必然上涨,最后形成"金字塔"式的收缩,慢慢地会按克计算,然后按克拉,最后只舍得动刀切个小角做成戒面。在这样的过程中受伤的其实是雕刻师,因为这样的结局会淘汰许多工艺一般的雕刻。许多玉雕大师们尊重的不再是手上的石头,而是石头的价格。这也许是石头的荣幸,也许是玉雕师们的无奈,也许是玉文化的悲哀。

一阵风来,白玉绝源,一阵风来,南红枯竭。许多人苦恼地问,以后到底怎么收藏?收藏什么?什么玉石才最珍贵?我说我的玉雕梦想是:市场不再被材料左右和限制。当人们不再以玉的品种名称来区分价格，而是以玉石的质地来对待玉石的等级（每一种同类的石头里都有高、中、低的质量区别）。那么市场上再也不会有玉石石种枯竭的恐慌。那才是玉雕师们的幸福人生，那才是玉文化能大量推广的美好前景。

不管是孔子曰："非为珉之多，故贱之也，玉之寡，故贵之。"还是许慎的："玉，石之美者，有五德。"最终提倡的还是玉的文化和精神。也是我们最需要继承的东西。而能承载这种文化和推广的材质，都值得我们尊重和珍惜。

不管是对南红还是衢州黄蜡石，我都会用对待玉的方式和心情，去求证和验证这个美丽而中国味十足的"附加题"！

玉，石之美者——不忘这个"玉文化"萌芽的初心。

（罗光明，字楚竹，"70后"，湖南石门人，"儒玉轩"创始人，海派玉雕大师，江苏省玉雕大师、工艺美术师、高级技师。

作品清新雅致，文化气息深厚，创新而不失传统，优雅而不失厚重。尤其在人物、花草、动物作品创作上新颖典雅，自成一家，将当代的审美观念有机地融入传统的玉石雕刻之中。工艺上推崇以繁至简，令观者印象深刻，深受收藏家们的青睐。作品多次在"天工奖"、"神工奖"、"百花奖"、"陆子冈杯"等全国性玉雕评奖中获奖。）

附录二

我国著名观赏石、宝玉石主出产地一览表

出产地	观赏石种类名称	宝玉石类
浙江	太湖石、天竺石、黄蜡石、千层石、硅化木、临安石、萤石、叶蜡石、石笋石、开化石、武康石、火山球石、瓯江石、松化石、七彩玛瑙	青田彩石、昌化鸡血石、衢州黄玉（金华玉、仙都丹玉）
福建	萤石、九龙璧、黄蜡石	寿山石、田黄、硅化孔雀石、琥珀、蓝宝石、碧玉、玛瑙
江西	上犹石、黄蜡石、千层石、恐龙化石、黑钨矿、雄黄、江州石、袁石、鄱阳石、钟山石、湖口石、庐山菊花石	水晶、绿柱石、东陵玉、绿纹玉、龟纹玉、墨玉、玛瑙、信江黄玉
安徽	灵璧玉、锦纹石、宣城石、无为军石、太湖石、陨石、广香石、巢湖石、龟纹石、栖真石、安徽紫金石、黄蜡石	绿柱石、黄山玉
江苏	太湖石、雨花石、昆山石、砚山石、千层石、竹叶石、茅山石、锦屏石、宜兴石、龙潭石、青龙山石、镇江石、菊花石、栖霞石	水晶、红宝石、蓝宝石、凤阳玉、墨玉、石榴石
湖南	黄蜡石、道州石、千层石、辉锑矿、三叶早化石、桃花石、锡石、石燕、龟纹石、澧州石、桃源石、杨林石、梅花石、武陵石、沉水石、彩硅石、震旦角石、渠水石	水晶、烟晶、墨晶、玛瑙
四川	化石、直角石、鱼化石、西蜀石、鸡骨石、绿泥石、涪江石、姜结石、黄蜡石、金沙江石、长江石、岷江石、泸州空心响石、青衣江卵石、泸州画石、沫水石	碧玉、龟纹玉、墨玉、会理玉、桃花玉、龙溪玉、玛瑙

（续表）

出产地	观赏石种类名称	宝玉石类
重庆	三峡石、龟纹石、夔门千层石、龙骨石、重庆花卵	无
广东	英石、花都菊花石、桃花石、钟乳石、黄铁矿、龟化石、蓝铜矿、潮州黄蜡石、白蜡石、黑钨矿、乳源彩石、英德石、北江石、阳春孔雀石	孔雀石、青玉、广绿玉、冰洲石、台山玉
广西	红河石、大化石、天峨石、墨石、邕江石、三江石、菊花石、珊瑚化石、鄂头贝、钟乳石、鹿角化石、锡石、黑珍珠、草花石、幽兰石、梨皮石、龟纹石、浔江石、雷公墨、右江石、百色彩石、黄蜡石、大湾石、来宾石、安陲青石、武宣石	水晶、黄玉、陆川玉、冰洲石、玛瑙、橄榄石、紫晶
贵州	钟乳石、乌江石、七彩石、古铜石、贵州青、夜郎石、盘江石、龙化石、辰砂、文石、草花石、直角石、辉锑矿、陨石、青石	冰洲石、紫袍玉、曲纹玉、金星翠玉、碧玉、绿玉髓、玛瑙
云南	黄蜡石、玉龙山石、恐龙蛋化石、直角石、辉锑矿、陨石、雄黄、锡石、钟乳石、大理石、龙泉石、巧宁石	绿柱石、玛瑙、翡翠、碧玉、水晶、碧玺、黄龙玉、尖晶石、绿松石、孔雀石、长石玉
海南	黄蜡石、孔雀石、陨石、卷纹石、黑卵石、七彩石	水晶、烟晶、碧玉、红宝石、蓝宝石
黑龙江	五大连池火山弹、树化石、陨石、碧玉、硅化木、松花江石	龙江玉、水晶、蓝宝石、虎眼石、红玛瑙、墨晶
吉林	黄蜡石、铜矿石、松花石、硅化木	长白山玉、橄榄石、红鞋褐、安绿石
辽宁	北太湖石、锦川石、海浪石、鱼化石、煤晶石、硅化木	岫岩玉、阜新玛瑙、琥珀、金刚石、东北绿、东北红、海城玉
内蒙古	风棱石、木纹石、辰砂、黑钨矿、黄蜡石、恐龙化石、恐龙蛋化石、陨石、硅化木、沙漠漆、碧玉石、鸡肝石	巴林石、葡萄玛瑙、绿柱石、绿廉石、水晶、碧玺、盘丝玛瑙、金太翠
宁夏	煤晶、黄河石、贺兰石	宁夏玛瑙、琥珀

（续表）

出产地	观赏石种类名称	宝玉石类
青海	丹麻彩石、脑纹石、风棱石、陨石图纹石（江河源石）、昆仑石、河源黄河石、玉树彩纹石、青海星辰石、青海桃花石	昆仑玉、柴达木玉、岫玉、墨绿玉、都兰玉
新疆	风棱石、戈璧玉、硅化木、冰川石、蜜黄石、恐龙蛋化石、鱼化石、三叶虫化石、腕足类化石、珊瑚化石、天河石、陨石、灵石	和田玉、碧玺、青玉、水晶、绿松、玛瑙、金丝玉、冰洲石、碧玉、绿柱石、刚玉、方柱石
西藏	化石、藏瓷石	络铁故、冰洲石、紫晶、共玉、琥珀、仁布玉、白玉
河北	曲阳雪浪石、涞水云纹石、太行豹皮石、冀东滦河石、造型石、长城石、鱼化石、兴隆菊花石、飞狐石	刚玉、玛瑙、桃红玉、金星玉、黑星石
山西	黄河石、菊花石、植物化石（芦木、轮木、封印木）、陨石、秀纹石	绿柱石、水晶、玉髓、玛瑙
北京	永定河石、钟乳石、鱼化石、拒马河石、北京西菊花石、青莲朵、轩辕石、金海石、燕山京谷石、房山青石	京白玉、京黄玉、玛瑙
天津	钟乳石、丹青石	无
山东	泰山石、颜神石、兖州石、博山文石、木鱼石、恐龙化石、三叶虫化石、崂山绿石、鲁彩石、金刚石、青州石、齐彩石、天景石、艾山石、竹叶石、红丝石、砣矶石、杏山石、汉黄石、马牙石、徐公石、长岛球石、泰黄石、崮山卵石、紫金石	泰山玉、红宝石、蓝宝石、玛瑙、金星石、莱阳绿玉、紫豆瓣玉
陕西	雪花石、菊花石、植物化石（芦木、轮木、封印木）、鱼化石、陨石、汉江石、秦岭石	蓝田玉、绿帘玉、琥珀、洛翠绿松石、桃花玉、商洛翠玉、丁香紫玉
甘肃	黄河石、风棱石、黄蜡石、陨石、庞龙石、兰州石	酒泉玉、北山风成碧玉、祁连山水成碧玉、水晶、玛瑙、墨绿玉、鸳鸯玉
湖北	三峡雨花石、菊花石、珊瑚化石、颚头贝、震旦角石、黑钨矿、松滋石、黄荆石、百鹤石、古陶石、清江石、鹦头贝、海百合化石、渔洋石、堵河卵石、下坪河石	硅化孔雀石、绿柱石、绿松玉、紫纹玉、云彩玉、玛瑙

（续表）

出产地	观赏石种类名称	宝玉石类
河南	黄河石、牡丹石、梅花石、北灵璧石、紫石、屏风石、钟乳石、恐龙蛋化石、林虑石、河洛石、陨石、渑池石、紫石、虢石、黄蜡石	独山玉、四方石、琥珀、油石、蜜玉、绿松石、墨绿玉
台湾	台东梅花玉、油罗溪石、绿泥石、台东西瓜石、玫瑰石、澎玄武石、宜兰石胆、关西梨皮石、花莲金瓜石、埔里黑胆石、高雄砂积石、南投龟甲石、国姓铁丸石	台湾（翠玉、猫眼玉、蜡光玉）
香港	黄蜡石、盾皮鱼类化石、千层石	绿柱石

第一届衢州黄玉博览会精品赛获奖名单

最佳创意奖			
作品名称		参赛者	
大漠之歌		张汉彪	
最佳工艺奖			
作品名称		参赛者	
观 音		韩建勇	
金奖（13个）			
作品名称	参赛者	作品名称	参赛者
玉 兔	谭剑均	一苇渡江	程荣华
雀 影	程荣华	花开富贵	何海伟
烂柯山	徐起钧	音 韵	邵新龙
慈 母	谢晓明	渔 翁	程明飞
佛在人间	张巨清	新 生	邵新龙
菩 萨	胡晓明	火凤凰	毛建斌
刘海戏金蟾	余建新		

（续表）

银奖（27个）			
作品名称	参赛者	作品名称	参赛者
蝶恋花	周美华	金 蟾	谭剑均
侏罗纪	谭剑均	送人玫瑰手有余香	徐建明
水帘洞	王卫忠	国 母	王卫忠
荷塘清趣	张宝珍	母 爱	华继新
三结义	华继新	梅兰竹菊	华继新
刀 豆	宋鸿恩	古竹遗风	丁长荣
雄霸天下	范水清	吉星高照	范水清
吉祥如意	周文龙	郑和下西洋	周志明
老 子	张 华	群山峻岭	张巨清
天蟾进宝	王攸云	逐 浪	傅 明
飞 瀑	傅 明	竹 魂	钱进财
金镶玉	毛建斌	访友砚	徐昌田
偷着乐	郑积和	丝绸之路	韩建勇
牧归图	叶佳明		
铜奖（40个）			
作品名称	参赛者	作品名称	参赛者
雄霸天下	谭剑均	江山一片红	汪振雄
猫头鹰	程荣华	出类拔萃	方国华
江山如画	吴雪云	硕果累累	何海伟
仙 境	毛建林	佛	李 成
面 包	李 成	守 望	杨连祥
教 父	何小荣	天 书	周文龙
母 爱	周 晔	蟾 蜍	周 晔

（续表）

作品名称	参赛者	作品名称	参赛者
吉祥如意	周志明	莲花仙子	张 华
佛光普照	毛正浩	花开富贵	包学建
渔樵耕读	张巨清	望 月	张巨清
金碧辉煌	张邦兄	天 犬	王攸云
浪击云高	王攸云	金竹瑞世	王攸云
旺 财	傅 明	对 弈	邵新龙
连年有余	邵新龙	春	邵新龙
秋 鸣	胡晓明	生机勃勃	胡晓明
姑 苏	胡晓明	山水插屏	胡晓明
红 梅	聂东泉	孔 子	聂东泉
举头望明月	徐起钧	中华神腿	徐起钧
升官发财	徐志标	牦 牛	叶佳明
农家乐	叶佳明	如此得意	刘光土

优秀奖（43个）

作品名称	参赛者	作品名称	参赛者
秋 韵	谭剑均	顺天石	汪振雄
天 珠	汪振雄	一代江山如画	潘国忠
如果爱	潘国忠	天 雕	徐起钧
料 石	李 成	鹏程万里	邵新龙
荷塘清趣	邵新龙	八戒西游	章卫民
老鼠爱大米	张宝珍	运财童子	华继新
佛	华继新	财 神	华继新
树化玉	郑建忠	窝窝头	周文龙
从享其成	胡安林	无字天书	胡安林

（续表）

作品名称	参赛者	作品名称	参赛者
岁　月	盛根英	福禄寿	张巨清
混　沌	吴　敏	双龙凤珠	邵新龙
紫气东来	邵新龙	千里香	邵新龙
秋　荷	肖明宏	悬壁晚霞	肖明宏
无　题	肖明宏	深山访友	胡晓明
千凿万击	胡晓明	金包玉	聂东泉
渔　篓	聂东泉	中华神鹰	徐起钧
沙漠红日	徐起钧	蝠到家	钱进财
竹　魂	吴望达	朝气蓬勃	郑晓峰
莲　趣	王　劲	高洁图砚	徐昌田
丹凤朝阳	徐志标	寿　星	郑积和
江畔人家	郑积和	米芾拜石	韩建勇
牡丹仙子	程　峰		

参考文献

《衢州府志集成》,西泠印社出版社2009年版。

《衢州市志》,浙江人民出版社1994年版。

《钱塘江志》,方志出版社1998年版。

《衢州市矿产资源总体规划》,衢州市人民政府2010年。

陆舜冬总编:《宝藏》(2011—2015),宝藏杂志有限责任公司。

陈西主编:《中华奇石》(2011—2015),中华奇石杂志。

杜学智编著:《中国赏石》,人民日报出版社2013年版。

葛宝荣等主编:《中国国家宝藏黄龙玉》,地质出版社2009年版。

官德镔编著:《中国黄龙玉》,海天出版社2012年版。

沈泓著:《黄蜡石收藏与投资》,中国书店2012年版。

李久芳著:《鉴定专家李欠芳谈玉器收藏》,北京出版社2007年版。

赵永魁等著:《中国玉石雕刻工艺技术》,北京工艺美术出版社2011年版。

谢天宇主编:《中国奇石美石收藏与鉴赏全书》,天津古籍出版社年版。

凌文龙主编:《台山玉赏玩》,台山玉赏玩编辑部2011年版。

王嘉明总编:《品鉴》,品鉴杂志编辑部2014年版。

陈君主编:《嵊州藏石》,香港百通出版社2009年版。

艾明义主编:《黄山玉石》,黄山书社2012年版。

孙伟祥、徐华铠编著:《丽水根石艺术》,中国林业出版社2012年版。

施德金主编:《缙云赏石》,西泠印社出版社2013年版。

郑继著:《郑继石艺》,福建美术出版社2011年版。

张焕学著:《御雕工坊》,御雕工坊编辑部2013年。

后　记

　　终于收笔了。赏玩了六年的黄蜡石，如同天天在应试，今天总算交卷了。

　　接受撰写《璞玉之美·衢州黄蜡石》的任务，源于友人的推荐、领导的交办和石友们的期盼。虽感到为难，却也实在找不到推卸的理由，因为自己退居二线以后，确实花了几年时间研究当地的宝藏，写过一些有关黄蜡石的文章。随着收集资料、编辑提纲、确定目录、走访调研的不断深入，我更加深了对衢州黄蜡石的了解和理解。"花能解语还多事，石不能言最可人。"面对美丽动人、温润细腻的黄蜡石，怎样不辜负大自然对衢州人民的厚爱，怎样把她推荐给更多的人，怎样把自己与石为友，以石会友的乐趣，与人共享？我能够、也应该做的就是尽快完成书稿，把尽可能完美的《璞玉之美——衢州黄蜡石》献给读者和社会。

　　《璞玉之美——衢州黄蜡石》的出版，体现了中共衢州市委、衢州市政府对弘扬中华传统文化的关心和重视。同时，也倾注了社会各界和广大石友的关注和支持。在此，我要特别感谢中国观赏石协会寿嘉华会长，她一直关注衢州黄蜡石产业的发展，并在百忙之中为本书作序；我要感谢为本书提供文稿资料、支持帮助本书出版的衢州市文化广电新闻出版局、市水利局、市国土资源局、市市场监督管理局、浙江省观赏石协会和中国冶金地质总局浙江地质勘查院。

　　我要感谢中国观赏石协会副秘书长、《宝藏》杂志社社长徐迅如先生，浙江省观赏石协会副会长、秘书长王嘉明先生，江苏省珠宝玉石首饰行业协会玉石专业委员会秘书长、玉学院院长林男先生，中国冶金地质总局高级地质工程师罗士桂先生，在百忙中为本书审稿把关，还有浙、闽、赣、皖四省十五城市赏石协会的支持配合，各位专家、藏家和雕刻大师的友情赐稿。

摄影师胡建国先生不辞辛苦地为衢州黄蜡石拍摄了数千幅照片；徐诚瑞、王玲、徐金贝等人不厌其烦地为书稿编排、打印和校对，我感谢他们的无私奉献；我还要感谢夫人金波、女儿贝贝，没有她们的理解和支持，我不可能承接并完成本书的任务。

最后要说明的是，由于衢州黄蜡石是古石新玉，本书的观点仍需时间的检验。加上本人知识储备上的不足和准备时间的仓促，书中定有不尽如人意之处，比如许多精美的衢州黄蜡石在早年就远走他乡，现在难以拍摄展示。就是本地藏家的精品，也会因疏漏或害羞而没收入书中。在本书撰写、编辑过程中，肯定还有不少差错，等等，都要敬请读者海涵和指正。在此一并表示感谢。

徐国庆

2015 年 12 月 26 日